智元微库
OPEN MIND

成 长 也 是 一 种 美 好

我们内在的防御

任丽 —— 著

日常心理伤害的应对方法

人民邮电出版社

北京

图书在版编目（ＣＩＰ）数据

我们内在的防御：日常心理伤害的应对方法／任丽著 . — 北京：人民邮电出版社，2022.3
ISBN 978-7-115-58533-2

Ⅰ．①我… Ⅱ．①任… Ⅲ．①情绪－自我控制 Ⅳ.
① B842.6

中国版本图书馆 CIP 数据核字（2022）第 016356 号

◆ 著 任 丽
责任编辑 张渝涓
责任印制 周昇亮
◆ 人民邮电出版社出版发行 北京市丰台区成寿寺路 11 号
邮编 100164 电子邮件 315@ptpress.com.cn
网址 https://www.ptpress.com.cn
天津千鹤文化传播有限公司印刷
◆ 开本：880×1230 1/32
印张：8.25   2022 年 3 月第 1 版
字数：300 千字   2025 年 8 月天津第 5 次印刷

定 价：59.80 元

读者服务热线：（010）67630125 印装质量热线：（010）81055316
反盗版热线：（010）81055315

了解防御，解放自己

任丽不是一般的咨询师，她涉猎广泛，好钻研，可以深入浅出地写出通俗易懂的科普内容，很早就成了专栏作家。

2022 年虎年春节前，任丽说她的新书《我们内在的防御：日常心理伤害的应对方法》即将出版，问我能否帮她写一篇推荐序。

书稿拿起来便放不下了。我发现该书并未如想象中的把 101 种防御机制都拿出来说一遍，而是按照防御机制从不成熟到成熟的演化顺序，撷取了一些比较有代表性的防御机制，辅以生动的日常情境、案例和一些电影情节，解读了各种防御带来的问题及其化解方法。

本书最打动我的，是关于创伤的部分。创伤无所不在，它不仅影响着创伤遭遇者当下、其后的身心健康和社交能力，有些还成为代代相传的"家族魔咒"。正如本书中的一些案例所述：某女从小成长于存在家暴现象的环境，长大后一心想找一位没有家暴倾向的伴侣，遗憾的是，结婚几年后，她的家庭出现家暴事件；另一位女士的父亲有酗酒问题，当她终于找到一位不饮酒的意中人，却在结婚后发现老公竟然也酗酒……也许正如书中所说："我们的潜意识里都有一种强烈的渴望，想要回到早年创伤发生的时刻"，总觉得如果当初可以怎样，也许就能改变结果。正如大热的电视剧《开端》的情节一样，男女主人公不断地回到公交车爆炸前的情境，一次次地进行循环，试图阻止爆炸的发生，却往往无法阻止悲剧的发生。

到目前为止，我们无法真正地回到过去，回到发生创伤的时间点，"人生之舟已经在时间的洪流中开出很远了，我们却还停留在原来刻下痕迹的地方，这其实是当年创伤刻在身体中的记忆"，我们被困在当年的记忆与应对模式中，无法适应当下的环境。任丽以丰富的案例解读了这些现象，并给出了打破魔咒、让创伤不再重复的方法，让我们有了重写人生脚本的机会。

作者运用案例、故事、电影情节等，形象地展现了防御的身影。例如写到"投射"（我们内部世界的投影）时，描述了电影《玫瑰战争》中男女主人公从热恋到婚姻解体的相爱相杀的过程，诠释了二人在不同阶段的投射心理。

"在人际关系中，无时无刻不在上演着投射的游戏，例如'有一种冷叫你妈觉得你冷'，长期被这样对待，孩子也就丧失了敏感性，渐渐远离了自己内心的真实感受。处于这种投射情况下的孩子很难发展出真正的自我。"作者不仅讲解了现象，还带我们一同进行反思，使我们觉察防御、进而改变，并提供了一些避免防御带来不良后果的方法，以及列举了防御之外的解决问题的途径。

再如，作者通过对"退行"的解读，点化亲子关系、婚恋关系、工作关系，通过分析非黑即白的"分裂"心理，解读热恋关系、咨访关系等关系问题，及网络暴力、人格分裂等现实问题，并给出了如何应对分裂的心理机制的建议。

如何理解那些表里不一、口是心非的人呢？自己是不是有时也会这样？作者带我们认识了一个外在行为、情感表现与内心动机、欲望完全相反的防御机制——反向形成。明白了"反向形成"心理产生的原因，就可以识别并应对这一心理机制，使自己远离伤害。

身边是不是还有这样的人——把不好的结果都归咎于别人身上。作者认为这样的人有一个贬低/夸大的自我。他们在被养育的过程中，曾被不断地贬低，没有被很好地镜映（被看到），所以在成人后总会贬低别人。书中还给出了建立自信、走出贬低别人与自我贬低之泥潭的路径。

还有几种更为普遍的"症状"——用躯体症状防御痛苦的情感。"心理动力理论认为，躯体化症状的出现是为了防御因内在的心理冲突无法解决而产生的痛苦情感。"身心一体，失眠、疼痛、甲亢、解离、进食障碍、癌症……每一个症状，都可能成为自我觉知的起点，这一小节让我们了解每一个症状的表现形式及原因，提醒我们重视自身的身心健康问题。

我在轻松的阅读中，感受到了本书之意不在介绍防御，而在于让读者明了自己和他人行为背后的机制，让自己活得更明白、更舒坦、更有意义。回看我与任丽关于本书推荐序工作的对话，我也看到了自己在这一过程中的防御倾向。简而言之，本书"看似说防御，实为谋心灵解放"，助读者脱离自我设限的窠臼，进入身心通透的自由之境。

　　每个人的防御机制都是有可能改变的，"当我们意识到当下的防御方式可能已经不足以应对新的心理冲突与困境，我们也许会放弃使用多年、已经成为自动化反应模式的机制，从而进化出更高级、更为成熟的防御机制。"让我们一起在阅读、感受与不断尝试中，开启进化模式，在不同的场景中灵活使用成熟的防御机制，尽享生活百味，实现人生价值。

隋双戈

医学博士，中国心理学会注册督导师

2022 年正月初九于畔湖居

美国著名精神病学家和心理学家、哈佛大学医学院教授乔治·E.范伦特（George E. Vaillant）在定义心理健康时曾提到，心理健康就是"适应"。也就是说，如果你没有能力接受生活给你提供的环境，那么你必须依靠自我心理防御机制，创造你自己适应环境的方式。

实际上，无论身心健康还是患有精神疾病的人，都在有意识或无意识地使用某种防御机制。它就像心灵的一层皮肤，可以帮助我们抵御痛苦，也像心理上形成的免疫功能，让我们的心灵不再受伤。

那么，什么是心理防御机制？美国资深精神病学专家杰瑞姆·S.布莱克曼（Jerome S. Blackman）认为，防御是将不愉快的体验——想法、感觉，隔离在意识之外的一种心理层面的操作。通俗地说，防御就是你无意识选择的生存模式，无论心理活动还是行为，其动机都是让自己避免体验不愉快的情感。

正如精神分析理论家安娜·弗洛伊德（Anna Freud）和查尔斯·布伦纳（Charles Brenner）所强调的，几乎我们的所有行为或想法都算作一种防御。在演讲前清清嗓子是一种防御，说错话后讪讪地一笑是一种防御，因为尴尬而脸红是一种防御，为自己辩解也是一种防御。

有些防御是我们可以意识到的，而绝大多数防御是在我们意识之外的。恰恰是这些没有被意识到的内容，塑造了我们的人格，形成了我们的人际关系模式。大多数情绪难题都产生于有问题的防御与情感模式的结合。

我们在适应环境时，往往不只使用一种心理防御方式，任何防御都可能是当下的最优选择。应对情绪困扰的防御可能是一种妥协，也就是因无法解决心灵内在的冲突而选择的妥协。

一个 18 岁的孩子因为严重抑郁而辍学了，她的症状可能就是由妥协导致的。因为她有自杀倾向，被父母送进了当地的精神卫生中心住院治疗。

在治疗过程中，家庭治疗师了解到，这对夫妻的关系非常糟糕，经常当着孩子的面恶语相向，或者互相冷暴力。现在孩子面临高考，为了不让孩子分心，他们在孩子面前假装恩爱。实际上，夫妻二人早已约定好，在孩子高考完后就离婚。孩子当然不希望父母分开，同时父母又都非常疼爱孩子。这个孩子或者在试图用牺牲自己的方式让父母放下分歧与怨恨，或者在期望因为疾病无法参加高考，让高考结束这一重要的时间点永远不要到来。

这种防御方式看起来有些惨烈，孩子付出了很大的代价，但其实这是一种妥协的结果。孩子不希望父母分开，但是又没有能力去解决父母之间的矛盾，她就无意识地用这类方式去改变这个家庭的互动模式。现在，她成功地将父母的注意力引到家庭治疗上，这样可以借用外部力量来解决家庭中常年未解决的问题。

当然，人们保护自己不会单纯借用一种防御方式，而通常会采用相互联系的一组防御，我们称之为"防御丛"。

28 岁的小伟因为患有社交恐惧症而向心理医生求助。他只要在人多的地方就会感到浑身不自在，坐立不安。他觉得所有人都在盯着他看。这种感受严重影响了他的工作和生活，以至于他尽量避免跟同事和客户打交道，见到领导绕着走，休息日也尽量不出门。

他提到，自己小时候生活在农村，因为父亲在外打工，母亲一人拉扯着他们兄妹三人，生活非常艰难。村里有个男人经常来他家里帮忙，一来二去，母亲和这个男人好上了。父亲大概是听到了村里人的风言风语，在某个夜晚悄悄地回家了，结果事情败露。母亲羞愧难当，一气之下喝了农药。

虽然母亲被送进医院抢救，但最终抢救失败。随后，她被草草地安葬了。在这之后，小伟感觉村里人都用异样的目光看他，背后总有人对他们一家指指点点。从此，他有了习惯性脸红的问题。

其实，小伟一方面觉得母亲出轨这件事情很丢人，让他见不得人，另一方面他又对母亲的死心存内疚，认为是自己没有保护好母亲。他用脸红抵御自己的羞耻感与内疚感，此外，他还通过回避的方式逃避别人对自己可能的奚落。同时，他还压抑内心的真实情感，掩盖自己的悲伤与愤怒等情绪。他使用了一组防御机制让自己好受一些，否则可能会忍不住通过羞辱他人、自残、对他人施加暴力等行动来平衡内在的羞耻与愤怒。

作为普通人，我们为什么需要了解自己的心理防御方式呢？

很多时候，我们可能只有深入心理咨询室的分析情境，通过自由联想工作深入潜意识，才能看见自己的防御，也就是弗洛伊德所说的将潜意识意识化。不过，在日常生活中，我们仍然可以通过对各种心理防御机制的了解，揭开心灵的面纱。当我们意识到当下的防御方式可能已经不足以应对心理冲突与困境，我们也许会放弃使用多年、已经是自动化反应模式的机制，从而进化出更高级、更成熟的防御机制。

在我们的日常生活中，防御无处不在。我们在人生的不同阶段、不同情境中会使用不同的防御，也正是这些防御让我们能够活下来，让我们去适应环境，过上自己想要的生活。

不同的防御机制，就像哆啦A梦那个神奇口袋里的宝贝，可以让我们在不同的场景中灵活使用，成为我们应对生活问题的工具，帮助我们更好地适应社会，调整我们的人际关系，收获幸福自在的人生。

目 录

▶ 1　不成熟的防御机制

ONE

哈佛大学医学院教授乔治·E. 范伦特曾经把心理防御机制分成四个层次，第一层为"精神病性"的心理防御机制，如妄想性投射、否认以及歪曲等；第二层为不成熟的心理防御机制，如投射性认同、幻想、躯体化、退行等；第三层为"神经症性"的心理防御机制，如压抑、转移、反向作用、隔离等；第四层为成熟的心理防御机制，如幽默以及升华等。

因为本书面对的是健康人群，所以不再探讨"精神病性"的心理防御部分，并将大部分"神经症性"的心理防御机制合并到了成熟的心理防御机制类别中。因为，我们在临床心理咨询工作中，主要面对的是"神经症性"人格水平的来访者，他们一般有现实检验能力，大多数人有工作的能力，也可以应对生活中的一般问题。

在区分成熟与不成熟的防御机制时，我们并非想要给不同的防御分个三六九等，或者通过非黑即白的方式来定义哪种防御是好的、哪种防御是不好的，我们更不想据此在关系中攻击对方或者贬低对方。

区分的标准在于，这种防御机制的形成是处于人生中的成年期还是早期，这种防御机制在关系中是更具适应性还是破坏性，是具有创造性的还是原始的，是健康的还是病态的，等等。这种区分方式可以让我们循着某种脉络来提高自己的心智，踏上平和而健康的成长旅途。

本章主要讨论的是一些比较原始的、心智化水平较低的防御方式。打个比方，很多原始的防御方式往往是"伤敌一千，自损八百"的战斗模式，会严重损害自己的心理能量，或者让自己处在一种长期内耗的状态，一种被束缚的、被限定的、不自由的状态中，以至于无法发展自我，心智水平始终停滞在婴儿期或者不成熟的青少年时期，无法过渡到成年期。

1.1 投射——生活中无处不在的投射与投射性认同

"投射"是指个体依据其需要或情绪的主观指向，将自己的某种不被接纳的"罪恶"念头或某种不被接纳的行为习惯，也包括一些创伤性体验，转移到他人身上的现象，多表现为反向指斥别人有这种念头或恶习；或将自己所不能接受的性格、特征、态度、意念和欲望转移到别人身上，挑剔并指责别人。投射能让我们利用别人让别人成为我们的"代罪羔羊"，逃避我们本该面对的责任。

实际上，我们每个人所看到的外部世界都是我们内部世界的投影。"投射"这一概念最初是由西格蒙德·弗洛伊德（Sigmund Freud）提出，后由他的学生——英国的女性精神分析师梅兰妮·克莱茵

（Melanie Klein）发展出来。

克莱茵认为，在生命早期，婴儿会有一种全能感，即"我是世界的中心"，这个世界是围着我转的，是我可以控制的。婴儿一啼哭，母亲的乳房就出现在了他们面前，他们的哭声就像一个神奇的按钮，可以解决一切烦恼。不过，母亲不可能 24 小时守在婴儿身边，也不可能百分百地满足他的需要。如果某天母亲的奶水不足，婴儿费了很大劲儿去吮吸，最终还是无法填饱肚子，那么可以给自己带来满足感的"好乳房"就变成了"坏乳房"。这种分裂的全好全坏的方式可以让婴儿回避那些痛苦的感受，保留好的部分，把坏的部分投射给外部世界。

简单来说，投射分为两个步骤：第一步是将内心的感受分裂成愉悦与痛苦两部分；第二步是将不好的感受扔出去，使其附着在别人身上，这样可以摒弃不愉悦的感受，从而获得某种掌控感。

投射本身是一个物理学名词，它很形象地呈现了这一心理过程。人们会把自己的心理感受，通过这种特殊的心理机制放置到外部的客观世界中。有句话"所想即所见"，说的就是一种投射的过程。所以，很多时候，我们看到的客观世界也许并非是客观的，而是我们无意识选择的，这也恰恰体现了人类心灵的创造性。

无处不在的投射

我们会把自己的感受投射给天气、时间甚至大自然中的一草一木。

在下雨天，对于正处在人生低谷的人来说，滴答的雨声就会让人心情低落，雨水会变为心中流淌的泪水。而有些人则在雨天联想到曾与爱人一起撑着红伞、漫步江边的温馨画面，感受到的反而是浪漫的情愫，沉浸其中、回味无穷。

我们会给四季赋予丰富的含义。有人讨厌冬天，认为萧瑟的冬天代表着孤独与死亡，而有人却喜欢冬天，认为皑皑白雪孕育着新的生机；有人认为秋天是硕果累累的季节，而有人却只体会到秋风扫落叶的悲伤；有人喜欢春天的万物复苏，而有人却害怕春天带来的传染病；有人喜欢夏天的繁花似锦，有人痛恨夏天的气候炎热，一到夏天就心烦意乱……其实四季始终都在按照固定的节奏循环，可是我们每个人感受到的四季却大有不同，因为我们每个人内心投射到外部世界的内容千差万别。

我们还会将内在的感知投射到时间上，每个人在同样的时间里往往有着不同的时间感。与恋人在一起我们会感到时光飞逝，而被迫与一个讨厌的相亲对象待在一起时则浑身不自在、度秒如年；小孩子总觉得时间过得太慢，而中年人感觉时光稍纵即逝；有人活了20多年就觉得活够了，而有人到了90岁还在想各种方法享受人生……

置身大自然，你的感受可能更为丰富。爬一座高山，你会有一种征服感，因为它就在你的脚下；在空旷的山野间，你会有种孤独感，因为四周一片寂静；看山间云卷云舒，你会有种自在感，此时自然与你似乎成了一体，你有了某种融合的感觉；看到落花，你可能瞬间明白了黛玉为什么会因为残花而神伤……

文学作品中最能打动人心也最精妙的写作手法就是借物抒情，借我们可见、可感知的具体的事物把抽象的情感表达出来，把人们带到熟悉的情境中，从而引发情感上的共鸣。

在电影《绿皮书》中，一位司机想要给远在家乡的妻子写一封情书，他没有什么文化，就请求音乐家代笔，我们来看看这首打动他妻子的情书是如何表达情感的。

亲爱的德洛丽丝：

每当我想起你，都会记起艾奥瓦的美丽平原。

我们之间的距离让我灵魂碎裂。

没有你，我的时间和旅程都毫无意义。

爱上你是我做过最容易的事。

除了你，一切都不重要。

再如情书圣手朱生豪的情书。

我想要在茅亭里看雨，

假山边看蚂蚁，

看蝴蝶恋爱，

看蜘蛛结网，

看水，

看船，

看云，

看瀑布，

看宋清如甜甜地睡觉。

因为爱而心生欢喜，看山川万物都是如此有趣，体验如此丰富。这似乎与正念练习①有着某种相通之处，你聚焦此时此地，用全部的身心去感受。

人际关系中无时无刻不在上演投射的游戏

有一句笑话说"有一种冷叫你妈觉得你冷"，指母亲把自己的体感投射到孩子身上，认为孩子会跟她有同样的感受。实际上，小孩子精力旺盛，运动量大，可能根本不畏惧寒冷。

母亲总是无意识地将自己的感受强加给孩子，并且不允许孩子去亲身感受，或者直接否定孩子的感受，有时母亲的感受甚至完全覆盖了孩子的感受，长期被这样对待，孩子也就丧失了亲身感受的敏感性，渐渐远离了自己内心的真实感受。

这种投射，被我称为"覆盖式投射"，它来自一种吞噬性的、共生性的关系，关系双方在感受上不分彼此。在这种情况下长大的孩子很难发展出真正的自我。

在关系中还有另一种投射，叫作"传递式投射"。

初中生小勇即将面临中考，而在他所在的城市，中考的竞争甚至比高考的竞争还激烈，每年升入公办高中的学生比例只有 40%。小勇成绩中等，他自己倒是无所谓，考不上高中可以出国留学或者读职校，

---

① 正念练习是指有目的、有意识地关注、觉察当下的一切，而对一切又不作任何判断、分析与反应，只是单纯进行觉察的训练。

不过他的母亲可不这么认为，她坚信只有考上公立高中再考入重点大学这一条路能行得通。

在中考前一周，小勇的母亲变得非常焦虑，吃不下饭也睡不着觉。不过，为了不让小勇紧张，她一方面时常对小勇说，你只要尽力就好，妈妈对你没有要求，但另一方面又会忍不住提起自己同事的小孩当年考上了重点高中，又考上了重点高校的例子。

母亲对小勇无微不至的关怀给了小勇很大的压力，他知道自己的水平，如今就算临时抱佛脚也很难满足妈妈的期待，这让他很内疚。结果考试前一天，小勇失眠了，而且还轻度腹泻。

我们看到，小勇的母亲把自己的焦虑投射出去，成功传递给了儿子。母亲焦虑的原因或者在于担心儿子上不了高中使自己没面子；或者在于担心自己不是一个称职的母亲，是没有价值的；抑或在于担心自己未来老无所依等，当然这些都只是一些假设。循着母亲的成长经历，我们或许可以看到她的焦虑来源。

父母不仅会无意识地传递焦虑，还会把恐惧、抑郁、愤怒等情绪传递给孩子。比如在家里，母亲不开心，如果孩子敏锐地捕捉到了，他会去配合母亲，在行为上变得小心谨慎，甚至会非常体贴地靠近母亲，安抚她，成为一个大人口中懂事的孩子。

在一些多子女家庭中，还有一种很有意思的投射现象，你会明显地感觉到某个孩子是"妈妈的孩子"，某个是"爸爸的孩子"，他们会只认同父母中的某一方，并且越来越像那一个。爸爸可能会借儿子来指责妈妈，你看儿子一点儿都不懂规矩，行为习惯很不好，你们家里人也是这样的，他会在潜意识中把这个自己认为不好的孩子"指派"给妈妈。假如孩子身上有很多与自己相似的地方，而这些又是自己很欣赏的部分，他又会主动"认领"这个孩子，使他成为"爸爸的孩子"。

还有一种情形是，父母会把"全好"投射到一个孩子身上，"全坏"投射到另一个孩子身上。在现实生活中，那些被投射为"全坏"的孩子往往对自己也很失望，他们会发现，无论自己怎么努力都无法改变自己在父母心中"全坏"的形象，最终只能选择自暴自弃，离父母的期待越来越远。

亲密关系中的投射让恋人"相爱相杀"

"你懂我，你就应该知道我喜欢什么，我现在想要什么，并且你要想办法满足我。"这实际上是一种婴儿式的幻想，把自己对全能感的需求投射给了对方，让对方成为一个全知全能的人，他能洞悉我的内心，而我可以利用他对自己的喜欢来影响他。我一皱眉，他就知道我为什么不高兴，会来哄我，让我体会到自己的重要性。

恋爱的激情期，也被人们称为幻想期，此时投射会将伴侣理想化，这正好体现了上文提到的全能感。在这场爱情游戏中，男人为了追求女人，会使出浑身解数，来满足自己的征服欲，女人为了证明自己是值得被爱的，也会有意或者无意地设置障碍，或者去测试男人究竟有多爱自己。一来二去，幻想破灭，两个人进入了恋爱的冲突期。此时可能争吵不断，伴侣变得与自己原来想象的完全不一样了。这时他们常指责对方：你变了，你与以前不一样了。其实，他还是原来那个他，只是你将自己不喜欢的原本属于自己的部分投射给了对方。比如自己很自私，结果就会像侦探一样，不会放过对方任何体现出自私的蛛丝马迹；自己很自卑，反而会去贬低对方不求上进，事业很失败等。

电影《玫瑰战争》反映了一对伴侣在从恋爱激情期到婚姻解体的过程中发生的一系列相爱相杀的故事。雨中浪漫邂逅后，两个人擦出了火花，迅速进入了婚姻。他们把自己内心理想化的部分都投射给了对方，没有发现二人其实在审美、子女教育、金钱观、价值观方面都有着非常大的分歧。而在发生冲突后，二人解决问题的方式是批评、指责、辩护、冷战，即美国婚姻问题专家约翰·戈特曼（John Gottman）教授提到的"杀死"婚姻的末日四骑士。他们将自己的内在焦虑、自卑等负面部分肆无忌惮地投射到对方身上，相爱的两个人最终变成了仇人。

我们为什么会爱上这个人，而不是别人？因为在他身上会发现自己熟悉的人的影子，这个人往往是自己的父亲或母亲。比如，他长得很像我父亲年轻时的样子，他温柔体贴，他身上的暖男气质正是我最欣赏父亲的地方；她很贤惠，或者她很有主见，像极了我的妈妈。

当然，你也在对方身上投射你曾经缺乏又渴望拥有的东西，或者你非常憎恨的东西。正如张德芬所说：亲爱的，外面没有别人，只有自己。通常，你投射出去并且强加在对方身上的东西都与你自己有关。比如你因他不求上进而焦虑，可能是因为你将当年父亲好吃懒做、不务正业的影子投射给了伴侣，你担心他也会像父亲当年一样不负责任，最终让你像童年时期一样处于物质匮乏的阴影中；再比如，她喜欢打扮、热情似火，这让你感到很不安，想起了当年你的母亲曾经有一段婚外情，你始终觉得女人都水性杨花、靠不住等。

当我们如此投射时，我们或许就需要停下来问问自己，这些是真的吗？这是事实吗？在我的成长过程中，我的养育者身上是否有类似的现象？当我们按下暂停键时，当我们开始反思自己时，我们与爱人间无休止的争吵或许也能暂时停下来：原来，我们彼此都是不完美的，我们都有自己的缺点；原来，我的需要并非只有你能满足，或许我可以尝试自我满足。最后我们接纳自己和伴侣的不完美，也允许彼此关系中存在诸多不完美，我们愿意为了解决分歧与实现自我成长而共同努力。

电影是最为生动的投射工具之一

电影将我们的内心世界、我们内在的客体关系投影到了大屏幕上，引起我们的共鸣，使人身临其境，心情随着主人公跌宕起伏的命运而时喜时悲。

精神分析常常不分析美好，所以心理学定义的投射总是与不愉悦的体验联系在一起。而实际上如前面所提到的，生活中很多投射现象都是中性的或正向的，而且具有正面意义。

电影《美丽人生》中的父亲，通过游戏的方式，让孩子认为集中营的生活不过是一场冒险游戏，这也是父亲将自己内在的美好投射给了孩子，为孩子创造了另一个精神乌托邦，对他看到的真实世界进行了美化，从而保护了孩子幼小的心灵不被残酷的现实所伤害，并最终让孩子活了下来。整部电影用一种黑色幽默表述了集中营内残酷的生活，让我们在欢乐过后不知不觉地流下了眼泪。

觉察投射，会给你带来什么改变

第一，你会成功区分什么是"你的感受"、什么是"我的感受"，学会建立人际关系中的边界感。

投射作为内在心理动力是非常关键的，而且也是容易造成人际关系冲突的一步，若将自己内在不舒服的感受强加到别人身上，就会导致曲解、误解。

比如前面提到的母亲，自己感觉很冷，在决定要不要给孩子加衣服之前，细心的母亲会观察一下孩子是否小手冰凉，稍微运动一下头上是否会冒汗，最后选择尊重孩子的感受。而不是将自己的感受强加给孩子。

再举个例子。母亲今天在单位被一个客户恶意投诉，委屈又愤怒，但又不能对客户发火，只能忍着。她带着情绪回到家，结果刚好看到孩子没做作业，愤怒蹭地一下就冒出来了。这时，母亲感觉自己快控制不了自己的情绪了，她提前给孩子打了预防针："我今天心情不大好，如果向你发脾气，可能不是因为你做错了什么。"这位母亲愿意为自己的情绪负责，而不是将自己的情绪发泄到比自己弱小的孩子身上，这就给孩子做出了良好的示范——我的情绪我做主，假如我向你发脾气，这不是你的错，我会向你道歉。

第二，你可以切断投射与投射性认同、投射性指责之间的恶性循环。

我们都知道，如果夫妻争吵不断升级，那么双方都有责任。这又被称为对称性升级。但凡夫妻中的一个人不参与、不配合，这个架就吵不下去。

曾经有一对夫妻来找我做咨询，他们从来到咨询室开始就相互指责对方，并且都期待着对方在咨询过程中可以改变。他们的咨询目标是解决夫妻争吵的问题，而通常争吵的理由都是一些鸡毛蒜皮的小事，争吵不断升级后，会引发自伤或者伤人的恶性事件，这让二人痛苦不已。

这个丈夫非常自卑，所以总感觉妻子瞧不起他。妻子从小生活在一个被忽视的家庭环境中，她需要的是丈夫对她有更多的关心，她认为表达关心的方式就是对方愿意为自己花钱。结果妻子总是因为感觉不到被重视而挑起争端，而丈夫则会因为自己没有得到尊重而心有不满，结果二人都试图通过投射性指责证明自己是正确的，不断地翻旧账，用最伤人的语言精准地刺到对方的痛处。争吵没有解决夫妻间的任何问题，反而成了一种强迫性重复的行为，让他们对于关系越来越绝望。

假如夫妻了解了对方投射的内容，知道对方潜意识玩的花招，不去接住对方投射来的东西，反而愿意试着去满足对方的需要，争吵就会停止。比如丈夫需要被尊重，妻子需要被关心，满足了彼此的需要，他们就会收回向外的投射，丈夫在关系中感受到自己的价值后，他的自尊会有所提高，而妻子感觉到在关系中被重视，她的安全感也会增强。

第三，你可以换位思考，增强同理心。

当我们能觉察到自己的投射时，我们也就可以换位思考，从而更好地理解自己、尊重他人。

有一位 50 岁的中年女性梅，因为老公出轨而内心非常痛苦。梅无法原谅老公的背叛，可又不想离婚，对于接下来的日子怎么过，怎么跟老公相处，未来老公是否还会出轨，她的心里一点儿底都没有。

梅感到自己已经抑郁了，她跟自己最好的闺密吐露了心声。闺密的老公很宠闺密，她的人生也一直很顺利，听了梅的遭遇，闺密非但没有安慰她，反而谈起了自己和老公如何相处，如何彼此懂得、彼此关照的故事。梅内心非常愤怒，一气之下，把闺密一个人扔下转身走了。

梅的闺密当时根本没有与梅产生共情，她们的对话实际上根本没有交集。而且，闺密谈到自己与老公的恩爱更加刺激了梅，她认为闺密本来也有些嫉妒自己的生活，现在听说自己的婚姻出现了问题，不仅没有帮忙，反而用这样的方式嘲讽自己，就像二人曾经暗自较劲、谁比谁更幸福一样，如今的自己败下阵来。

梅决定以后再不同闺密来往，觉得这个人简直是落井下石。还蒙在鼓里的闺密怎么也想不到，自己大老远地跑来安慰梅，结果却得罪了她。

你看，闺密也很冤枉，她的无心之言刺激了梅敏感的神经。假如梅能觉察到自己原来很在意别人怎么看待自己不幸福的婚姻，一直伪装的夫妻恩爱的假象暴露后，竟会让自己感觉如此难堪，她也就不会对闺密的话那么愤怒了。

如何才能避免投射所带来的糟糕结果

首先，朝内看，反思一下自己，你才是解决问题的关键。

了解你自己是避免投射与投射性认同的基础。当我们因为外部的扰动而内心泛起波澜时，也是觉察自我、了解自我的最佳时机。

比如悲秋，秋天为什么会让我有这样悲伤的感觉？你可能会有一系列的联想：某个秋天，你的好朋友离开了你搬到了另一个城市；父母在 13 岁的秋天离了婚；你的弟弟在秋天出生，夺走了父母对你全部的爱……

心理咨询工作很多时候也会帮助人们进行类似联想，这个过程就是把那些碎片化的情感编织起来，使人逐渐认清自己内心的风景，探寻冰山以下的"潜意识"轮廓。

其次，沟通交流，通过澄清、阐释还原真相，避免误会。

我们每个人的成长环境、受教育程度都有很大不同，即使我们使用同一种语言，生长在同一种文化氛围下，甚至生活在同一个家庭中，我们仍然难以真正地了解、理解一个人。伴侣或父母经常说"我最了解你"，实际上这是非常武断的。正是因为我们如此"狂妄"、自以为是，才会经常不自觉地对他人的人生指手画脚，认为自己是在帮助对方做出正确的决定。

　　沟通成了了解自我与了解他人最为重要的途径之一。沟通是一个双向的过程，当我们发出信息时，我们希望倾听者可以理解我们想要表达的内容，并且能给予反馈，这一来一往其实已经包含了多个投射的过程。

　　当我们带着第三只眼去观察这个沟通情境，不再被过度地卷入，我们也许会更好地理解对方究竟在表达什么，他真正想表达什么样的需要。反观自己，为什么这些话会引发我这么大的情绪反应，这是否与我自身有关？这样才会让建设性的沟通成为可能。

　　最后，在关系中练习。

　　关系是一面镜子，我们通过与他人、与环境、与自己的关系去适应这个世界。我们处理与他人、与环境之间的关系，其核心是处理与自己的关系，因此，关系也是我们的练习场。

　　比如小时候，父母不允许我们反驳他们的意见，我们学习到的关系模式就是不能挑战权威，必须顺从。在工作后，我们会习惯性地把这样的关系模式投射到与领导的关系中，即使自己被很不公平地对待，仍然敢怒不敢言。假如你在工作场所中遇到了一位比较温和的领导，他经常鼓励大家提出不同的意见，并且你看到那些曾经提反对意见的人反而得到了晋升，赢得了他的信任。在这种宽松的氛围中，你也就会敢于勇敢地尝试表达自己真实的想法了。

1.2　退行——一种创伤性的回归

被誉为"缺失心理学之母"的美国心理学家朱迪思·维奥斯特（Judith Owest）说："离开母亲的痛苦使我们一生都渴望结合，而这种渴望来源于我们对回归的向往，如果不是回到子宫里，那便是回到一种虚幻的结合状态——共生，有人曾借助自然、艺术等途径渴望达到这种状态。"

退行可以说是一种回归，它是指成年人在遇见特殊情况或者遭遇到某些重大创伤时，将自己的心理年龄退回到某个早期阶段，甚至退至婴儿期的一种现象。

通常来说，人们因为当下的某个事件激活了早年的分离创伤，为了避免体会痛苦的感觉，或者渴望弥补当年缺失的部分，而让自己回到过去被问题固着的阶段，甚至退回至婴儿期，想体会被照顾的感觉。

退行性行为可以贯穿人的一生

我们可以从生命末期来倒推看看，人生中可能会出现哪些退行性行为。

"老小孩"是人步入老年期后经常出现的一种状况。老年人变得非常任性、脾气暴躁，甚至有时情绪跟小孩的脸一样说变就变，喜怒无常，说话也很直接，有时的确很伤人。这种直接的表达从积极层面看是卸下了伪装，从消极层面来看，其实是一种社会化功能的倒退。

另外，"老小孩"通常非常固执，这很像 3 ~ 4 岁的孩子，你说什么他都不听，偏要跟你对着干。比如你告诉他吸烟有害健康，让他戒烟，他会背着你悄悄地抽；你告诉他老年人要少吃甜食，他会无视自己的健康偷偷地吃，在这一阶段，子女反而成了管束他们的"父母"。

"永恒少年"或者"叛逆少年"是指中年人，在年轻时因为太压抑而没有机会展现自己隐藏的攻击性，在中年期开始叛逆的现象，他们退行到了青春期。

伴随着中年危机，他们开始面对父母的死亡，这也激活了他们对于死亡的焦虑，让他们有一种时间上的急迫感：再不疯狂，我就老了。也就意味着，在一些事上我可能再也没有机会了。这时，一些中年男人会渴望用浪漫的爱情来应对中年夫妻间的琐碎、无趣。

同时，一些中年人还可能做出非常刺激甚至有冒险性质的行为，比如去登珠峰、玩赛车，或者深入无人之地探险，而这些行为更多时候是青春期的孩子才会有的，是对外部世界好奇而又无所畏惧的体现。

成年人也会退行到更早期的阶段，即婴儿状态，这时他们被称为"巨婴"。他们像婴儿一样贪婪地向母亲索取，常有一种无所不能的感觉，以为自己是世界的中心，所有的人与事都要围着自己转。他们缺乏规则意识，缺乏道德约束。一旦遇到不符合自己预期的事件，他们就会情绪失控、失去理性，使用婴儿般的方式来抗议，试图通过哭闹、喊叫、肢体冲突等极端方法来使他人甚至周围环境屈服或退让，以达到自己的目的。

他们看待世界的方式总是非黑即白、非好即坏。争论问题的焦点都在对错上，而很少深入到为什么以及怎么办这类更深层次的主题。

而且，"巨婴"们非常自恋，听不进去任何对立方的意见。他们更愿意沉浸在自己幻想的世界里，而不是面对现实。

在宫崎骏的电影《千与千寻》中就有一个非常形象的"巨婴"形象。有一个身形巨大、穿着红肚兜的婴儿，置身于一个金碧辉煌的房间里，被各种玩具和食物包围。婴儿通过哭闹获得关注，获得自己想要的东西，他不被允许走出房间半步，因为外面的世界是危险的。导致他成为"巨婴"的始作俑者就是其养育者汤婆婆。

"妈宝"们就是这样被制造出来的。在潜意识中，母亲其实不想让孩子长大，或者不允许孩子长大，她们不给孩子犯错的机会，时刻打压孩子萌发的自主意识，并且总是让孩子感到"我不行""我不能""只有妈妈可以帮我"。这背后其实是母亲的分离焦虑，她担心孩子一旦长大就会离开自己。

"妈宝"的家庭中往往有一个全能或者强势的妈妈，一个弱势的、缺位的爸爸，当夫妻关系疏离时，母亲会使劲儿抓住孩子，孩子在无形中成了她的救命稻草。母亲会事无巨细地照顾孩子，包办一切，让母子关系无法完成心理上的分化。

曾经一位女性在即将举办婚礼前来找我做咨询，因为她隐隐约约地觉得男方好像哪里有点儿不太对劲儿。她与男友相识半年，约会次数屈指可数。二人从相亲开始，男友的母亲就一直陪着他们看电影、逛街或者吃饭，当时她没太在意。在筹备结婚时，她才发现，男友什么事情都要向他的母亲请教，包括为未婚妻选婚纱、挑选戒指等，从来不敢自己做决定，也不信任未婚妻的任何决定。

母亲与儿子在这个准儿媳介入前其实配合得很好。母亲包揽孩子的一切，包括他的饮食起居、婚恋对象，儿子也习惯了由母亲安排一切，这样自己就不用负责任、承担后果了。现在未婚妻想要这个男人承担身为丈夫的责任、有自己的主见时，矛盾产生了，就打破了这个家庭中原有的平衡。

力比多退行

力比多是弗洛伊德首先提出来的，它是指的人的本能驱力，也就是性驱力。弗洛伊德认为，人一生所追求的是力比多的满足。而根据满足的不同方式，人的一生可以被分为五个阶段，口欲期（0 ~ 1 岁）、肛欲期（1 ~ 3 岁）、第一生殖器期（3 ~ 5 岁）、潜伏期（5 ~ 12 岁）和青春期（12 ~ 20 岁）。

力比多退行就是指在人在任何时期都可以把他们的功能转变（或者退化）到一个较早的时期。

生了二胎的妈妈会发现，原来早就不尿床的五六岁的大宝又开始尿床了；看到妈妈给二宝喂奶，大宝也想凑上去吃一口；或者已经分床睡了，家里有二宝后，大宝晚上会突然害怕，想要跟妈妈睡，还整天想黏着她。

这些都是大宝因为害怕失去母亲的爱与关注而做出的退行性反应。一般来说，处在第一生殖器期的幼儿是可以较好地控制自己的大小便的，尿床实际上是退行到了开始学习控制大小便的肛欲期；已经断奶的孩子突然要吃母乳，这个行为是退行到了更早的口欲期，即通过口唇感知世界，通过口唇与妈妈进行交流。

当幼儿有了这些退行性行为时，父母要多陪伴孩子，给予孩子更多的关注。在二孩家庭中，在照顾二宝的同时，要对大宝给予同样多的关注，甚至是更多关注，比如单独带他出去玩半天，给他一个特别的礼物等。因为大宝在二宝出生以前有过独占父母的时光，二宝的出生剥夺了他独占父母、独自享有父母爱的权利，这种丧失感会让大宝焦虑和不安，所以才出现了退行性行为。

在成年人身上也会有力比多退行的现象。比如吸烟等成瘾行为，也是人格中的某个部分退行到了口欲期，渴望通过这种行为来缓解焦虑。类似退行性行为包括大学女生会拿着奶瓶式的水壶喝水，成年男人在焦虑时会不自觉地将手指放到口中去吮吸等。

自我（功能）退行

这种退行是指一个人本来具有某种自我调节的能力，但在某个情境中却突然丧失了。这种丧失包含了情绪调节的能力、对事物的判断能力、人际沟通能力、言语表达能力、独立生活的能力等。

处在热恋中的情侣，很容易出现这种自我的退行，本来很独立的人会变得特别依赖他人。比如有位女性在外是一个雷厉风行的职业经理人，管理着几十人的团队，但在家里却完全处于一种很无能的状态，家务活一点儿也不会做，做饭会把手烫伤，切菜会把手割伤，老公不得不包揽所有家务活。在职场她是非常独立的女性，但是在家里她扮演了一个需要被人照顾的角色。这种自我功能的退行，是她保护自己的方式。如果在工作结束后再将家里的琐事扛到肩上，她可能会吃不消。当然，前提是她要有一个好老公，愿意配合她的退行。

"被爱情冲昏了头脑、被爱情蒙蔽了双眼"实际上也是一种自我功能的退行。在爱情中，有人会因为过于迷恋另一个人，完全失去判断力，做出一些令自己都匪夷所思的事。事后冷静下来，才发现当时有多冲动。

还有些人会在喝酒前后判若两人。他们醉酒后会发酒疯，又哭又笑，非常闹腾，就像个孩子一样言语行为不受控制。这也是一种在特殊情境下的自我功能退行。醉酒后，超我放松了警惕，把社会规则、面子等都抛到了脑后，让较为原始的本我肆无忌惮地出来表演，甚至会借着酒劲儿发泄自己积压已久的不满，表现得非常失态，酒醒后他们则会后悔不已。

另外，"空想家"们也有类似退行行为。他们喜欢用思考来代替行动，来防御自己的无能以及保护夸大性的自体。他们会想象自己能干很多大事，比如开公司，赚很多钱……但实际上，他们连一个简单的工作都做不好，却常常抱怨没有机会可以施展自己的才华。

现时退行

这种退行是指一个人总是回忆早年的生命时光，以避免面对当下的冲突。

有一对恋人已经谈婚论嫁了，男方却提出分手，女方坚决不同意。男方在相处的过程中越来越觉得两个人非常不合适，比如二人一吵架，女方就向她爸妈告状，让老人也搅进来，闹得不可收拾，女方会当着很多朋友的面数落男方没本事，还喜欢经常跟着一帮男性朋友泡吧到深夜。虽然男方跟她提了很多遍反对意见，对方却总是理直气壮地说"这是我的生活方式，你不要管"。

如今男方提出分手，女方一方面觉得自己没有什么问题，另一方面也不觉得二人的关系已经糟糕到了要分手的地步。她总是说，你看当初你追我的时候，我们一起出去旅行、一起打游戏时多开心，我们在一起会很幸福的。

实际上这位女性完全不想面对现实中二人早已岌岌可危的关系，总是回忆最初相识时那种令人眩晕的激情，以为未婚夫还会跟以前一样呵护她、宠爱她、迁就她，而实际上未婚夫已经对她忍无可忍了。

退行性行为会给我们的工作与生活带来负面影响

第一，无法适应困难。

无论是自我功能退行，还是"巨婴""妈宝"类退行性行为，都会在现实生活中导致适应不良的现象。

"妈宝"们最常见的问题是无法独立，习惯处处依赖别人。他们与母亲一直维持着极为纠缠的关系，可能在青少年期没有发展出与同龄人建立关系的能力，也没学会如何处理与权威的关系，这导致他们因无法构建人际关系而不得不退回到家庭中"啃老"。

曾经有一位 27 岁的男性来访者，他是被他的妈妈强迫来做咨询的。这位来访者从小到大几乎所有的决定都是母亲替他做的，包括选哪一所学校、文科还是理科、大学什么专业等，甚至毕业后的工作也是母亲托关系给他找的。

因为处理不好与上司和同事的关系，他在这家单位工作了 4 个月后就离职了，并且再也没有上过班，天天窝在家里打游戏，甚至很少走出家门。这就是典型的无法适应社会而不得不退回到家庭中的例子，他们活在幻想的世界里，不想去面对一个成年人必须直面的责任和挑战。

第二，破坏关系。

在亲密关系中，如果一个人不够成熟，而另一个人不愿意配合并成为照顾者，那么这段关系就会出现裂痕。

生活中的"老少配"现象不少见，女孩如果找个跟父亲一样大的男人，自己就可能不用像同龄人那样辛苦地打拼，还可以享受高品质的物质生活以及老男人的关爱。如果一个人像寄生虫一样地依赖另一个人，从某种程度上说，她也不得不接受对方的控制，将自己的生活交给他人来支配。其实，这个男人并没有被放在丈夫的位置上，而是被放在了父亲的位置上，这显然这是一种不平等的关系。

一旦女人的心智开始发展，自我意识觉醒，她就会想要争取平等与自由，而此时男人如果仍然沉浸在"你必须依赖我才能活"的幻想中，二人就会发生冲突，最终导致一方的离开。

在夫妻关系中，丈夫长不大，不愿意承担责任的情况也很多，妻子实际上是把自己放置在了母亲的位置。她们在生活中不得不忍受丈夫的坏脾气与对她的不尊重。男方无法承担作为丈夫与父亲的责任，而妻子在付出的同时也会产生诸多抱怨。妻子疲于应付家庭与工作中的问题，尤其是当孩子学习成绩下降、问题层出不穷时，妻子会发现丈夫一点儿也帮不上忙，内心会有一种深深的无力感。丈夫遇到问题就会一味地逃避，而妻子总是想抓住丈夫一起去面对，在一追一逃中，矛盾也被不断激化。

第三，危害身体健康。

前文提到人在任何年龄阶段都有可能退行到早期的某个阶段。有一个现象非常典型，一些中年男人会突然像青春期的男孩那样去玩一些非常刺激的项目，比如赛车、攀岩、登雪山等。这个时期的中年人，可能正处在人生的瓶颈期，上有身体逐渐衰弱的父母，前方还有很多无法克服的困难。同时，他们本身又有一定的经济实力，有钱有闲去尝试一些与乏味的生活不一样的事物。

在玩的过程中，他们往往忽略了自己的年龄，以为自己是十多岁的少年，无视身体发出的警告，很多时候他们甚至是在玩命。

我们可以保持心态上的年轻，但是身体不会说谎，50岁的身体不能像20岁的身体那样承受疯狂运动带来的压力。假如用力过猛，无视身体发出的警告信号，造成运动损伤的概率会大大增加，其结果往往是不仅没有达到锻炼身体、延缓衰老的目的，反而带来不可逆的伤害。

如何应对退行性行为

这一节我们将讨论两方面内容：一方面是如果我们自己有退行性行为该怎么办；另一方面是如果我们遇到有退行性行为的人该怎么办。

我们先来谈谈自己。

第一步，也就是最重要的一步是要有觉察，能够意识到这个行为可能是不成熟的，会给自己的关系或者生活带来麻烦。

退行本身是一种防御，会给自己带来一定好处，正如弗洛伊德的快乐原则所说，人都是趋乐避苦的，所以有人才会唱出那首"我不想，我不想，我不想长大"。儿童不需要为自己的行为负责，通常都无忧无虑。我们有时甚至会渴望退行到母亲温暖的子宫里，这样只需被动吸收营养就可以活下来。只是这些好处中会弥漫着一种无意义感与无价值的虚无感，没有发展出作为大自然最有灵性、最有创造力的生物——人类特有的品质。

比如在亲密关系中，我们总是向对方索取关心与照顾，而当对方无法满足我们的要求时，我们会非常愤怒，甚至情绪崩溃。这时，我们可能就要反思一下：我们的要求是否合理？对方是否有能力做到？假如需求没有得到及时满足，我们应该如何去安抚自己？如何自我满足？离开了这个人的关照，我是否有能力独自活下去？

这样的觉察的过程，会把我们带离情绪的旋涡，回归理性。理性思考是一种心智成熟的表现。

第二步，当我们觉察到自己有退行性行为时，我们可以做一些联想：我这样的情绪反应通常会在什么情况下发生？与什么有关？在我的早年成长经历中，是否有过类似的情况发生？如果你自己一个人很难对这些内容展开联想，可以去找一个心理咨询师帮助你探索。

心理防御很多时候都是潜意识层面的，通过自由联想，我们可以将潜意识意识化，这时改变就有可能发生。当然，这个过程非常不容易。

第三步，通过关系中的互动去改变。比如找一个较为安全的人际关系团体，这种团体会再现真实的人际关系中的冲突，但它又是在一个有保护的空间中进行的，从而避免在现实关系中受到伤害。团体成员会在带领者的引导下学习如何直接表达自己的感受，这会帮助我们去觉察是否出现了某种退行性行为，如何用更为成熟、负责任的方式去回应，等等。

接下来我们来谈谈，当我们观察到别人有了退行性行为时该怎么办，我们该选择什么样的方式去处理关系。

我们需要先评估我们与他人的关系水平。

假如这个人与你的关系并不紧密，他的退行性行为不会对你造成任何影响，他有自己的边界。这时假如我们有想要改造他人、帮助他人的愿望，更需要反思的其实是自己：为什么我会有如此强烈的感受？每个人都有选择自己生活方式的权利，很多时候我们用自以为正确的方式去帮助他人，其实越界了。

当然，陌生人在公共场所出现的某些退行性行为，如果影响了公共利益也应该受到谴责，这是社会教育的一部分。

假如我们无法远离的亲人或好友出现了这些退行性行为，我们需要使用自己的成人自我的部分，去帮助他们成长。比如前面提到的，如果老公心智不成熟，你感觉自己就像在跟一个青春期的孩子在一起生活，那么我们需要用极大的耐心，像对待一个青春期孩子那样，发现他的努力、鼓励他的进步、肯定他的优点，帮助他变得更有担当、更有责任心。这个互动的根本目的并不是改造他，而是二人不断磨合，选择一种让彼此都舒服的相处方式。

1.3　分裂——非黑即白、你死我活的战斗

分裂是一种很原始的防御机制，这种机制通常表现为采用简单的二分法来看待所有的事物，要么全好，要么全坏；要么是天使，要么是魔鬼；要么是危险的、充满敌意的，要么是善良的、温暖的，完全没有中间地带。

我们看到的外部世界其实是我们内在心灵世界的投影，对外部世界产生两极的看法是因为我们将每个内容都分裂成了两个部分，这来自我们早年对于母亲的印象的内摄①。

英国精神分析师梅兰妮·克莱因发现，婴儿在饥饿时会发出啼哭的信号，他如果在此时得到及时回应并且需求被满足，就会内摄一个好乳房的形象；如果没有被及时满足，比如母亲不在身边，或者母亲乳汁不够，婴儿就会痛恨那个不能提供乳汁的乳房，将其内摄为坏乳房。婴儿在这个时期还无法区分乳房和母亲，他把乳房等同于母亲。此时，好母亲与坏母亲的形象就在他的内部世界形成了。

---

① 内摄：也称内向投射，与外向投射作用相反，是指把客体或客体的一部分包含为主体的自我过程。

分裂在日常生活中的表现形式

恋爱关系

在恋爱初期，我们往往会把自己理想中伴侣的形象投射到恋人身上，甚至只一眼就坠入情网，正如一首歌所描述的那样"只是因为在人群中多看了你一眼，再也没能忘记你容颜"。我们对一个人了解得越少，则投射的幻想越多。

在建立关系之初，为了给彼此留下好的印象，恋人们本身会有所伪装，再加上自己内心的理想化投射起了作用，我们眼中的恋人全是优点，甚至他的缺点也会被美化，这就是浪漫期。随着对彼此了解的深入，我们会发现对方有很多令人无法容忍的地方，比如非常黏人，脾气暴躁，情绪不稳定，不爱洗澡，吃饭总是发出声音，等等，甚至牙膏是从上挤还是从下挤都可能成了争吵的焦点，这时二人进入了权力斗争的磨合期。这时理想化的伴侣形象会破灭，我们要么觉得自己找错了人，要么认为对方变了，总之看到的全是被放大了的缺点，再也看不到热恋时美好的影子。

奥斯卡获奖电影《婚姻故事》就非常生动地讲述了这一幕。女主妮可被男主查理的才华所吸引，放弃了自己的演艺事业，与查理走进了婚姻。在丈夫与妻子分别列出"深爱对方"理由的清单时，丈夫眼中的妻子是善良的、耿直的、令人感到舒适的，擅长理发、舞技超群、手臂有力，是位称职的母亲、伴侣与演员；而妻子眼中的丈夫是自信的、强大的、温柔的、冷静的，人生方向明确、井然有序、爱干净，容易沉浸在自己的世界里面。只不过，这温馨的一幕却是发生在离婚前的最后一步——婚姻咨询中。

当两个人为了孩子的抚养权而对簿公堂时，曾经恩爱的夫妻用了最恶毒的语言去攻击对方、贬低对方、羞辱对方，这场面让人看了触目惊心。妮可眼中的丈夫变成一个对婚姻不忠、自私自利、不负责任的小人，而查理眼中的妻子则变成了一个爱慕虚荣、酗酒、多疑、无趣的女人，浪漫期完美的伴侣形象突然转变成了在权力争夺期令人厌恶的伴侣形象。

咨访关系

在咨询中，我们也常常见到这样的来访者。他们可能是通过朋友推荐或者自己在网络平台上找到的咨询师。最初他们会把咨询师理想化，对咨询师的专业性、态度、咨询室的布置甚至咨询师的仪表都赞赏有加，期待咨询师给出神奇的方法或建议，能让自己迅速地变好。他们会将咨询师与身边亲近的人，或者他们的父母做比较，感觉咨询师十分亲切、温暖。

随着咨询的深入，来访者会因为自己没有改变而对咨询师失望，或者因为自己的需要没能得到满足而愤怒，这时他可能会拼命地贬低咨询师，此时咨询师的形象变成了对他们造成过伤害的亲人。

曾经有一位来访者提前半小时来到咨询室，碰到咨询师正在吃盒饭，这让来访者非常震惊。在她的心中，咨询师的工作是高收入、体面而且高尚的，她无论如何也无法接受自己的咨询师吃着那么简陋的盒饭，这与她心目中的咨询师的身份极不相符，她因此而拒绝继续咨询，因为她觉得"吃盒饭的咨询师"配不上她。

咨询师的形象不符合她理想化的角色，她便立即通过中断咨询关系这种方式来攻击并贬低她的咨询师，让咨询无法再进行下去。

同样地，咨访关系中展现的这种模式，在她的生活中也总是会重演。在她的眼里，只有那些完美的人才配得上她，当发现对方身上有任何瑕疵时，她就会立即中断关系，没有任何理由，不给自己和他人留有任何缓冲的地带。

网络暴力

另外，随着互联网的发展，网民的数量激增，每一个热点事件几乎都会引发激烈的辩论，甚至是网络暴力。因为信息不对称，人们往往会去脑补那些未知的信息，而那些未经证实的消息可能成了谣言的发源地。

比如明星们都拥有大量的粉丝，但在被高度关注的同时，他们也不得不牺牲自己的隐私，把自己的生活暴露在聚光灯下。粉丝们可能因为某个明星清纯的外表而喜欢她，而明星们为了迎合粉丝的需要，也会刻意地去打造自己的人设。

不过，如果明星们的生活或者表现偏离了原来的人设，就会引发粉丝的极度不满甚至是声讨谩骂，那些当年力捧他的粉丝，也可能成了摧毁他的人。

网民们同样使用了分裂的机制，只容许明星是自己心目中期待的样子，无法将明星当作一个有血有肉、有瑕疵的人来看待。

完美受害者

"完美受害者"就是人们希望受害者从任何一个角度来看都是百分百无辜的,受害者没有违反道德规范、日常行为准则的举动,并且受到了实实在在的伤害。

而在现实生活中,没有人是完美的。而"完美受害者"背后的逻辑就是,假如你是因为自己的过错受到了伤害,那就不值得同情。比如一位女性在夜晚穿着吊带裙走在比较僻静的街道,遇到了坏人,有人会指责说"受害者有罪",一个女性不应该这么晚出来,穿着这么暴露,还去那么偏僻的地方,甚至认为是她自己行为不检点、不注意自我保护导致了犯罪的发生。他们不去谴责施暴者,反而因为受害者的不完美而对她展开攻击。

这实际上也是使用了分裂的防御机制,即使是受害者也应该是完美的、全好的,否则我将全盘地否定她,甚至否认她受到了伤害的事实。

分裂的人格特点

我们通常说的多重人格,也就是在一个人身上有多个分裂的人格,这些分裂的人格彼此不相关,他们也不知道其他人格的存在。《24个比利》这本经典小说是根据1977年美国俄亥俄州发生的一起真实案例所著,这是一起著名的多重人格犯罪事件。比利小时候为了更好地保护自己的核心人格,分裂出了其他的人格,这些人格帮助他渡过了人生中最痛苦的时刻。

实际上,我们每个人都有着一个主人格与子人格,我们大多数时候知道自己这种不同人格的存在。比如有人在上司面前是卑躬屈膝的、极力讨好，但在对待他的下属时却恶语相向、极力贬低。这其实是将自己在上司面前被压抑、被羞辱的部分通过贬低下属、对下属发火的方式发泄出来。这里表现出来的两个人格就是非常分裂的。

分裂的心理防御机制是如何形成的

分裂式防御通常会两极波动，无论是对自我还是对他人的看法都极为不稳定。这源于分裂式防御者早年没有一个稳定的照顾者，或者像"邮包孩子"一样辗转于各个亲人之间，或者养育者情绪不稳定，导致他们从小看待世界的方式是分裂的，并且这种方式一直延续到了成年后。

在心理咨询中，我们会遇到一些边缘型人格特质的人。他们可以上一秒还在夸赞你，下一秒却对你展开攻击，翻脸如翻书，情绪非常不稳定。深入了解他们的成长经历就会发现他们都曾经有过情绪不稳定的养育者，甚至有些人还有过被伤害的经历，而且伤害他们的人大多数是可以亲近他的熟人甚至是亲人。

最爱自己的亲人居然伤害自己，这就会让一个人产生困惑，这个人究竟是对我好还是不好？这个人是好的还是不好的？

此时，只有将现实分裂开，自己的内心才不会有冲突，才能避免痛苦的感受。她要么继续认为伤害自己的人是爱自己的，这种关系可以继续维持；要么认为这个人是坏的，我要中断这种关系、远离他，永远不要再与他有关系。

另外，在养育的过程中，假如父母总是将矛盾的信息传递给孩子，也会让孩子感到分裂。比如父母经常会在家发生争吵，然后拉着孩子站队：你来给爸爸妈妈评评理，是爸爸说得对，还是妈妈说得对？或者让孩子来选择，是爸爸对你好，还是妈妈对你好？这实际上就是把父母无法处理的矛盾丢给了孩子。让孩子来当法官，把孩子卷入了夫妻关系中，这种家庭现象在心理学上称为"被三角化"。

此时孩子支持任何一方，都会感到自己在背叛另一方。所以，一旦他选择爱爸爸，就意味着他就要恨妈妈，只有出现"理想化爸爸、恶魔化妈妈"这种两极的表现，才能表达出对爸爸的忠诚。在孩子的世界中，他本身就只会使用黑白分明的方式来思考问题，而父母的分裂则进一步强化了孩子的这种认知。

在家庭中，父母二人对于孩子教育理念上的不统一，也容易造成孩子内在的分裂。因为父母无法达成共识，所以孩子就像被放置在了父母中间，同时被两股力量撕扯着，他要么左右逢源，要么干脆谁的话也不听，变得难以管教，最后出现偏差行为。

这种分裂的心理机制，会让他们在看待世界时，只有好与坏两部分。他一旦感受到这个世界是糟糕的、危险的、充满敌意的，那么为了保护自己，就不得不像刺猬一样身上长满刺，随时处在准备战斗的状态。一个人长期处在这种令人紧张的战斗状态是非常疲惫的，而无法再信任这个世界，也就无法跟人建立关系、从人际关系中获得滋养。他如果认为这个世界是完美的，也十分容易在现实世界中屡屡受挫。那些一直被父母保护得很好的孩子就像温室里的花朵，没有经历过风吹日晒，真正离家后才会发现，世界不仅有温暖的一面，还有残酷的一面。

如何应对分裂的心理机制

这世间的万事万物其实都是一个整体，就像硬币的两面，我们不可能只取正面而抛弃反面，因为没有反面，正面也就不复存在了。

心理学家卡尔·古斯塔夫·荣格（Carl Gustav Jung）塑造了人格面具与阴影这两种原型。人格面具即一个人在社会生活中戴上了一个面具，隐藏了真实的自己，以达到被他人认可的目的。而阴影则是我们不希望成为的样子，或者我们恐惧、厌恶、憎恨自己的部分。

越是阴影的部分，越需要被看见、被理解、被接纳。

如果我们知道这个世界本身由正面和反面组合而成，并且事物有正面也必然有反面，我们就会尝试去探索反面，这是迈向整合的第一步。

整合的第二步是对这个世界保持开放与好奇的态度。当我们被围于自己狭窄的世界中时，就如同井底之蛙，易钻牛角尖，走极端，不愿接收与自己的世界观相异的信息。而如果我们带着好奇的态度，就会发现世界是多元的，人性是复杂的，此时我们才有机会理解差异。系统论认为，差异就是信息，这些信息可以让我们走上一个台阶，看见事物的全貌。

第三步，带着整体性思维在生活中实践。

我举个例子来帮助大家理解，我们如何利用整体性思维来解决家庭中的问题。一对夫妻因为经常争吵来到咨询室，他们要解决的正是争吵的问题，因为他们认为这会影响夫妻感情及孩子的成长，并且可能导致婚姻破裂。悖论干预是在与这个家庭建立信任关系后，布置一个看似有些荒诞的作业：夫妻回家进行吵架练习，每周必须在一个固定的时间吵架，并且至少要吵一小时以上。

我们通过鼓励他们吵架的方式，让他们变得有心理准备、有意识地吵架。带着理性，他们或许就能吵出点儿名堂来。甚至，他们还可以在吵架时把对话录下来，在吵完架情绪平息后再去沟通、讨论吵架内容。他们逐渐发现，原来吵架并不一定会破坏关系，还有机会增进对彼此的了解，发泄完情绪后，夫妻的沟通反而变得更顺畅了。

整合是我们一生的成长议题，你看到了一个你痛恨的人身上的优点是一种整合；你接纳自己不完美、不完整也是一种整合。通过整合，你可以更理性地看待自己和他人。整合之后，我们会变得更完整，更圆融，也更能适应环境。

1.4 否认——对客观发生的事件的视而不见

否认是指我们对客观发生的事件视而不见，包括意识和潜意识两个层面。

在意识层面，我们知道这是客观现实，只是我们暂时不愿意去面对，需要一个缓冲期才能开始逐渐接受现实，这是处于神经症水平的患者或者健康人群的正常表现。

美国心理学家伊丽莎白·库伯乐－罗斯（Elisabeth Kubler-Ross）

提出，哀悼会经历五个具体阶段：否认、愤怒、讨价还价、抑郁和接受。

第一步就是否认。当听到亲人离世，人们的第一反应通常是"怎么可能，昨天我才跟他通了电话"。人们还会去寻找他没有死亡的证据，去他常去的地方，保留着他的座位，甚至吃饭时会摆好他的碗筷，等等。

第二步是愤怒。"为什么会是我？"此时我们会感到命运的不公，有想要报复社会的冲动。同时，也会对离去的亲人居然没有告别就将自己抛下而感到愤怒。

第三步是讨价还价。我们内心会非常矛盾，期待奇迹出现，亲人能回来，同时也在隐隐觉得这不可能。我们内心极度挣扎与矛盾，在接受现实与不接受现实之间徘徊。

第四步是抑郁。此时我们会感到绝望、沮丧，感觉生命没有意义，情感麻木，甚至想要追随死者而去，产生强烈的自我攻击心理：我最爱的人离我而去，为什么我还要活着？同时，还会对自己的存在有自责和内疚感。

第五步是接受。经历了上述阶段，我们会在伤痛中成长，学会自我关照，并且重新找回了希望。比如，相信离去的亲人在天堂会希望自己能好好珍惜当下的生活，好好度过这一生。虽然失去了亲人，但亲人的爱却并没有消失。每当自己沮丧时，总能回想起亲人曾经给予自己的温暖，这会支持自己继续前行，自己从未真正孤单。

否认现实与幻想

我们会在意识层面区分现实与幻想，也可能在潜意识层面、某些分析情境中感知到现实或者幻想，我尝试把所有可能产生否认现象的情形按照意识与潜意识、幻想与现实四个维度进行了分类。

意识

精神病性的　　　　　　　正常的、神经症水平的

幻想 ─────────────────────── 现实

未知的　　　　　　　　通过分析，将潜意识意识化

潜意识

图 1-1　否认在四个维度中的定性分析

针对否认在意识与潜意识层面、幻想与现实层面这四个维度，我们可以归纳出以下四种类型的否认：

在意识层面否认现实：我们在意识层面知道这是现实，只是此时此刻不愿意接受，比如前面提到的亲人去世或者亲密关系丧失等。经过了哀悼的过程，绝大多数人都可以渐渐从悲伤抑郁的情绪中走出来，重新回归正常的生活。

在意识层面否认幻想：也就是我们在意识层面并不知道这是现实（即不承认自己正处于幻想状态），并且对自己幻想出来的东西深信不疑，这实际上是一种无法区分幻想与现实、缺乏现实检验能力的表现。

具有这种表现的人通常具有精神病性的特征。

举个例子，18 岁的小文认为班上的班长对自己有意思，她觉得班长每时每刻都看向自己。一方面，这让她感到很不自在，因为她需要注意自己的言行，害怕自己的某句话或者某个动作会让班长不喜欢自己；另一方面，她又很开心，经常想象班长某天向自己表白的情景。

她认为班长钟情于她，并且对此深信不疑。她还会将自己的心事跟好朋友分享，但每次分享完了又后悔，担心自己不够好，"男友"会被好朋友抢走。

其实，这些都是她自编自导的内心戏。班长从其他同学那里听说她有这样的想法后，为了不给对方和自己造成困扰，当着很多人的面很直接地告诉她，自己从来没有喜欢过她，一切只是她自己的幻想罢了。

不过小文否认了班长的说法，认为他是真心喜欢自己，只是不愿意承认而已。即使后来班长又多次解释，小文也不为之所动。这种"钟情妄想"其实就是运用了否认的心理机制，她坚信的是自己幻想出来的心理现实，而否认了现实中她并没有被爱的这个事实。

潜意识层面否认现实：也就是我们并没有意识到，我们在否认一些已经发生或者正在发生的事实。

在分析工作中，弗洛伊德会问他的病人，在那种情境中，你根本不会想到的是什么？或者，在那种情况下，你会考虑不可想象的事吗？假如病人非常努力地在回忆那些他当时不会想到的事情，其实就落入了他的"圈套"。通过这种方式，可以很便捷地获得那些被压抑的潜意识材料。

这就像有人告诉你，房间里没有一只粉色的大象，你的脑海中会立即浮现出一只粉色的大象，而且这一想法挥之不去。

弗洛伊德在《论否认》中提到，在分析的过程中，我们从不曾在潜意识中发现"不"这个词的存在，而自我对潜意识的承认也存在于潜意识。当病人回答，我不这样认为，或者我从来没有想过时，就已经是很好的证据，证明我们揭示潜意识已经成功了。

比如，如果有人总是抗议，或者非常激动地表达自己从未有过这样的想法，那么从精神分析的角度来看，这实际上反映了他就是这样想的。举个例子，有人说"我对金钱一点儿也不在乎"，而且他在任何跟金钱有关的事物中都会特意去强调这一点，你可别被他的话欺骗了，这实际上说明，他对金钱多少是有些在意的。

所以，如果有个人总是对某一件事情说"不"，那么他实际上是在说"是"。

在父母教育孩子时常常会出现类似的现象。孩子做错事后，父母会去纠正并且给他们讲一大通的道理：你不可以这样，你不可以那样，等等。你会发现，你越强调，孩子越不会按你的要求去做。我们往往会把这归结为孩子不听话或者叛逆。

当我们不断地说"不"时，其实是在强化孩子的这个行为，因为孩子潜意识听到的是"是"。比如你不要把东西搞得到处都是，你不要大吵大闹，你不要碰它，你不要……结果呢？

那么，我们应该如何做呢？

最关键的是忽略它，而不是不断地强化它。这让我想到有些孩子有吃手指的习惯，母亲只要看见就会呵斥孩子把手指拿出来，结果孩子的这种行为却更加频繁了。而当母亲没有把吃手指当作一个必须纠正的错误时，孩子可能也就没有那么焦虑，慢慢地这种行为反而会减少。

另外，直接告诉孩子正确的做法也十分有效。比如对于孩子吃手指的行为，母亲可以陪着孩子多做些手工，让他的手忙碌起来，从而减少吃手指的次数。

我们也可以尝试在与孩子沟通时，将"你不要……"的句式换成"你可以……"。比如把"你不要在墙上乱写乱画"换成"你可以在这面墙上贴的纸上写写画画"。这是一种被允许，而不是被禁止的行为，并且给孩子画定了范围，这本身也是一种跟孩子订立规则的方法。

潜意识层面否认幻想：潜意识层面有着大量的幻想，以及被压抑的部分。正如心理学家荣格所说，这个部分包括了集体潜意识与个人潜意识，这一部分更多出现在心理分析情境中，或者我们的梦里，书中不再赘述。

否认情感

前文对于否认现实或者幻想进行了解释，这些行为通常基于事件是否真实发生，当然这也包括人们的心理现实。实际上除了否认事件或者事实，人们常常还会使用否认情感的方式来防御一些令自己痛苦的感受。

否认情感其实也是一种情感隔离，逃避面对自己在事件发生后应该有的正常情绪反应。

　　一位女性在母亲去世后，从深圳返回家乡料理后事。她是家中的长女，很多事情都需要等她回家定夺。进家门后她就一直忙着安排事情，几天都没有合眼。在母亲下葬、送别来奔丧的亲人后的一周，她返回了工作岗位，并且立即投入了繁忙的工作。这种无缝衔接，让她根本没有时间去思考母亲的去世对她来说意味着什么，也压根没有时间去体验悲伤。

　　她也对自己平静而麻木的表现有些吃惊，按理说，对于深爱的母亲的离去，她应该十分悲伤，可是她否认了自己的悲伤，还庆幸自己没有因为这件事情受到打击而影响工作。

　　三个月后，因为一次工作上的失误，她被一位上了年纪的女上司批评，当时她崩溃了，在单位号啕大哭，非常失态，她不明白自己为什么会有如此强烈的悲伤的感觉。后来在心理咨询中，她才意识到，原来那是失去母亲的悲伤。女上司只是在当时被移情成了母亲，被批评让她感受到了被母亲拒绝和抛弃，母亲的离世在现实层面就是抛弃了她。在职场的情绪崩溃，让她终于有机会停下来，去体验悲伤，去完成对母亲的哀悼。

否认的类型

　　当我们谈到否认这种心理防御机制时，我们不得不提到精神分析领域的先驱人物，也就是弗洛伊德最钟爱的小女儿安娜·弗洛伊德，她针对否认，总结了下面四种否认类型。

　　第一种：本质否认，也就是否认现实，即使在有大量的证据证实现实的存在的情况下也是如此。这个部分应该和我们前面谈到的那四个象限的中的情形是有所重合的，它包括了意识与潜意识两个层面。

第二种：行动上的否认，也就是通过行为象征性地表达那个令人讨厌的事情根本不是真的。比如，一位女士在相亲网站上与一位看起来条件非常优越的男士相识，而后一周他们开始频繁地约会，男人对她殷勤有加，她也以为自己终于等到了爱情。

后来，男友以临时资金周转出现问题向她借钱，她虽然听说过类似的诈骗事件，不过她仍然毫不犹豫地把钱转给了对方。即使对方并没有按期归还第一笔欠款，她还是按照男友的要求又给他转去了第二笔、第三笔钱，直到有一天再也联系不上对方，她才如梦初醒。她通过行动一次次否认了自己的怀疑，否认自己失去了判断能力，否认了自己被欺骗的事实。

第三种：幻想中的否认，也就是坚持错误的信念来回避面对令人感到恐怖的现实。比如，一个从小被亲生母亲虐待的女孩，内心有一个信念，那就是世界上所有的母亲都是爱孩子的。虽然当年母亲如此虐待自己，即使自己长大后身上还留着当年被虐待的伤痕，她仍然坚信自己是被母亲疼爱的小孩，坚信当年母亲殴打自己也是出于对自己的爱。她实际上否认了这样一个事实：这个世界上的确有不爱孩子的母亲，她们没有做母亲的能力，甚至根本不配做母亲。

第四种：言语上的否认，也就是利用一些特殊的字眼，使你相信现实的虚假。有句谚语说，谎言重复了一百遍，也就成了真理。通过不断地重复特殊的字眼，我们也会逐渐相信一些虚假的事实。

在寻找恋爱对象时，我们也可能会遇到所谓的"渣男""渣女"，他们从来都不把自己说过的话当作一回事儿，或者很少履行承诺。可怕的是，在关系中总是说者无意，听者有心，我们常常把对方的甜言蜜语当真。可当你去质问他："你不是答应过我下班后来接我的吗？"对方会用否认去回应："我说过吗？"或者说："你怎么总是把情话当真呢？"结果最后搞得好像反而是你做错了事一样。

否认会给我们的生活带来什么样的影响

首先，否认会让人活在自己编织的幻想中，而不去面对现实，没有真实的存在感，也无法拥有真实的关系以及真实的人生。活在幻想中，会让一个人的现实人际关系变得非常糟糕。曾经有一位家庭主妇迷上了韩剧，她看到剧中的男主人公不仅长得帅、富有，而且性格也温柔体贴，渐渐地，她开始幻想自己也应该被这样的男人爱着，随后看自己平凡的老公越来越不顺眼，甚至差点儿闹到离婚。

其次，否认会让我们总是感觉事与愿违，总有强烈的挫败感。否认会形成一种与愿望相反的作用力，让我们总是得不到自己渴望的东西。比如孩子通过努力考了一个不错的分数，兴高采烈地想与妈妈分享自己的喜悦，结果妈妈面无表情地指责孩子说："考这么点儿分数就沾沾自喜了？你离第一名还差着十万八千里呢！"孩子期待得到妈妈的肯定，妈妈却总是用否定的语言去打击孩子，孩子就会觉得，无论自己多么努力都无法让妈妈满意。这种被否认的挫败感可能会让孩子一生都在努力追寻他人的认可，无法忠于内心想法。

如何面对否认

面对否认时，我们应尝试从多个角度去看待同一件事情。建构主义理论认为，我们周围的现实是我们自己建构出来的，而建构的过程中必然存在某种主观性。这有点儿像盲人摸象，我们每个人感知到的大象只是它的一部分，当然这个部分是我们感知到的真实。假如每个摸象的人都能同时吸收其他人的信息，不断地评估判断和总结，也许就可以拼凑出大象的全貌。

无论是否认现实还是否认情感，我们都有机会在关系中获得反馈。当然，这可能会跟我们的认知或者感知系统发生矛盾与冲突。当外在冲突或者内在冲突出现时，我们需要有所觉察，问问自己："真相真的是我看到的那样吗？"

另外，在日常生活中，留意自己经常说"不"的时候。你可以把这当作一个游戏，看看你一天中会在什么时候不自觉地说"不"。通过观察自己和他人，也许你可以了解他人在意的以及自己在意的东西究竟是什么。

俗话说，你越强调的自己拥有的，其实越是你没有的，也是你最在意的部分。假如有个人不断地在你面前说，我这个人一点儿都不在乎钱。你可以仔细体会一下，他是不是反而特别在乎钱？

最后，当我们遇到那种习惯"否认"的人，该怎么办呢？

当然，我们可以尝试去理解他。也许他过去的成长经历中有着某些创伤，他难以去面对这些令自己痛苦或者难堪的部分。不过，假如在与他沟通时，他总是否认自己说过的话、做过的事，你不断地澄清，他不断地否认，最后你会发现跟这样的人讲道理根本就行不通。如果你无法说服他，那你应该在放弃和远离中做出选择，因为他的胡搅蛮缠，可能最终会让你对自己产生深深的怀疑。

1.5　强迫性重复——强迫性重复与代际创伤重复

强迫性重复是弗洛伊德提出的一种心理现象，指的是个体强迫性地、固执地、不断重复某些看似毫无意义的活动或者创伤性的事件或情境，包括不断重新潜意识地制造类似事件，反复把自己置身于类似创伤极有可能重新发生的处境，让自己不断地重温某些痛苦的体验。

英国精神分析师欧内斯特·琼斯（Ernest Jones）把强迫性重复定义为一种盲目的冲动，它的本质是一种"强迫"。无论这种行为引起的是快乐还是痛苦，不管这种行为危害性有多大或者多么具有毁灭性，个体总是被迫一再地重复，而自己的意志根本无能为力，控制不了这种强迫性。

弗洛伊德在 1920 年发表的论文《超越快乐原则》中提出了强迫性重复这个概念。他在一个两岁孩子的游戏中发现，当母亲走开时，孩子们会把他最喜欢的玩具从小床中扔出去，又会哭闹着把玩具捡回来，过了一段时间，他又将玩具扔出去，如此反复多次，看起来像是在玩一个好玩的游戏。

弗洛伊德对这个行为产生了好奇，他认为游戏是遵循快乐原则的，为什么孩子要制造这样与快乐相悖的情境呢？他经过分析认为，实际上这是一种掌控的游戏，因为孩子无法不让母亲离开，就把玩具当成了母亲的替代品，通过不断扔出去、捡回来的重复行为，去体验失去的感受，以此来修复母亲时不时离开所带来的创伤。

我们的潜意识中都有一种强烈的渴望，想要回到早年创伤发生的时刻，变被动为主动，掌控年幼时无法控制的东西，改变最后的结果。人们常常会说，如果当初我表现得更好一些，我再乖一点儿，我再努力一点儿，我再懂事一点儿，也许事情就不会发生。

只不过，我们永远也回不到过去。强迫性重复的行为就像刻舟求剑，创伤发生在过去，人生之舟已经在时间的洪流中开出很远了，我们的目光却还停留在原来刻下痕迹的地方，这其实是当年创伤刻在身体中的记忆。当我们不断地在当下寻找过去时，这种无意义的行为似乎耗费了生命，我们被困在时间里，人格发展也就停在了过去受到创伤的那一刻，始终无法成长。

一个从小经常目睹父亲家暴的女孩，也许会暗暗发誓，长大后一定找一个温柔体贴的老公，在她自己组建的新家庭里，绝对不能有家暴发生。她终于如愿以偿，找到了一位脾气特别好的老公，从不与她发生争吵。不过，可悲的是，结婚五年后，老公对她动了手，家暴在她身上重新上演。

似乎越不想发生的事情、越拒绝的东西，却越会在后来的生命中重演。比如父母因为一方出轨而婚姻破裂，自己在恋爱中也遭遇到背叛；父母经常争吵，从来无法坐下来温和地讨论问题，自己虽然痛恨争吵，却也总是控制不住地与伴侣发生无休止的争执；因为父母的忽视，自己可能在恋爱中总是害怕被抛弃，一旦感受不到爱，就会立即提出分手，中断这段关系；父母常年在外打工，从小不在自己身边，结果长大后找了一个事业上颇为成功的伴侣，也常常无暇顾及家庭，自己的需要总是得不到满足。

你看，这就像中了魔咒，一个人想极力摆脱，想改变，却又容易陷入这种重复的创伤性情境中。

为什么会强迫性重复

人们为什么明明有时意识到了这种行为是毫无意义的，还是会去不自觉地重复这样的体验呢？

存在与活着的感觉

当他们不将自己置身于重现创伤的情境中，就会有一种模糊的恐惧、空虚、无聊和焦虑感，似乎只有在痛苦中才有活着的感觉。

一个人早年没有被精神富养过，或者没有被很好地对待过，在成长经历中从未体验过美好的关系，当有人真正对他好时，会感觉这样的情感太过平淡，反而会去选择那些非常具有挑战性，甚至有些病态的关系，选择那些明显有人格缺陷、有暴力倾向、狭隘偏执或者多疑的伴侣。与这样的人相处，真的是困难重重。似乎只有一次次地被伤害，一次次地体验痛苦，才会让他有存在感。

对于那些长期忍受家暴的人，我们不会理解他们不离开的原因。其实，对于他们来说，没有关系比拥有一段糟糕的关系更可怕，因为如果没有了这段关系，他自己也就不存在了。

寻找熟悉的味道

我们后天形成的行为模式、关系模式以及对自我的认识都来自早年与重要的养育者之间的客体关系，换句话说，我们曾经是怎样被对待的，会被我们在生理与心理层面全盘吸收，在成年后，我们总是会不自觉地采用早年习得的自动化反应模式，潜意识地引导别人反过来用同样的方式对待我们。

比如一位女性曾因为是女孩被父母嫌弃，从小就非常自卑，内在有一种强烈的不配得感。成年后，她会潜意识地去寻找一个各方面条件都不如自己的人，这样才能让她感到不会被抛弃，从而获得一点儿安全感。伴侣也许会出于嫉妒而不断打击她，她往往会去认同，确实是自己还不够好。事实上，她明明已经非常优秀了，却总是在很多时候感到极度不自信。

把自己置身于早年熟悉的场景，她就可以用早年习得的方法，比如讨好、妥协、压抑、牺牲、忍气吞声来解决冲突，如果无效，她可能会再加大讨好的剂量，让自己做得再好一点儿，牺牲再多一点儿，来获得自己渴望的东西。而在寻找伴侣时，他们也往往第一时间从对方身上嗅到同样的味道，看见自己熟悉的某些东西。

获得掌控感

为什么人们总是想要回到过去的情境中呢？因为这样可以获得某种掌控感。在熟悉的场景中用自己熟悉的模式去应对问题，会更有安全感。

不过，一方面，过去几十年发展出来的应对方法大多是非常僵化的，时过境迁，可能在当下的关系与情境中再也不起作用了。即便他们知道这样做并不管用，也仍然会一再地去重复使用这些方法，因为至少自己努力做了，只不过这些努力可能都是徒劳的。

另一方面，当年的"错误"，比如父母离婚，会让他们觉得是因为自己当时做得还不够好，换作现在的自己，也许有能力把父母一方留下来，可以拯救自己的家庭。所以，在自己的新家庭中，他们坚信，无论如何，自己绝不能离婚，这样才能掌控自己的婚姻，不再让"错误"发生。

拯救情结

我们在寻找伴侣时，总是会寻找那些与我们的异性父母相似的人，因为这是我们人生最初的关系模板。当然，也可能会找一个与他们完全不同的人，但是经年累月，我们会发现，对方跟自己的异性父母越来越像。

这是因为我们可能会潜意识地重复早年父母之间的关系模式，让自己能够有机会去改变那个令人厌恶、痛恨的父母。

比如，一位女性，她的父亲纵酒，结果她还是找了个酒鬼老公。在这段亲密关系中，她一开始就带有一种拯救情结，那就是"我或许可以改变他"，她的潜意识实际上是想要改变过去的父亲。

代际创伤重复

电影《喜福会》中的四对母女关系，覆盖三代人之间的关系，让我们看到了代际创伤是如何被传递下来的。

　　林多和薇丽是其中的一对母女。母亲林多早年的创伤为遭到她母亲的遗弃，被送走当了童养媳。在林多很小的时候，母亲就把她叫到媒婆和她未来婆婆的面前，告诉她说，未来的某一天要将她送走。这句话，给孩子带来一种强烈的危机感。她知道自己终究有一天，不得不离开家，去一个完全陌生、没有办法掌控的地方。而母亲也一再灌输给林多一种理念——养她，就是在帮别人养孩子！可以说，这是一种完全没有归属感的养育方式。

　　林多的母亲不断地告诫她"你应该……""你要这样做才能讨得别人的欢心，才能满足别人的需要"，而不是"你应该为自己而活"。"你会遇到主宰你一生的男人"，林多母亲传递给她的信息是"一个女人的命运注定是悲哀、卑微的，只会被放到一个男人的手上，一生依附于男人"。

　　林多为了在婆家有立足之地，拼命讨好婆婆，努力表现，不过，她发现在婆婆的眼里，自己只不过是一个传宗接代的工具而已。这种被抛弃感、无价值感成了她的性格底色。

　　她需要出人头地，需要让自己更有价值，毫无疑问，后来辗转来到美国的林多，把在自己身上无法实现的期待放在了女儿身上。当女儿获得国际象棋冠军后，她抑制不住内心的得意，带着女儿走在大街上向经过的每一个路人炫耀，而对女儿薇丽来说，这却是一种耻辱，因为那一刻，她觉得自己不过是被母亲拿来炫耀的工具而已。

　　成年后的薇丽交了男朋友，母亲会鄙夷地说："你看他送你的衣服，不过是边角料做的。"贬低的语言对她的母亲而言是信手拈来的。

薇丽说过一句话："无论我说什么都不能讨得你的欢心，你永远都对我吹毛求疵。"女儿永远在讨好、在牺牲，而母亲永远不满意。

为了讨得母亲的欢心，薇丽嫁给了一个华人，她同样把这样的关系模式用在了自己的婚姻中，结果无论如何努力，都无法在婚姻中获得尊重。

电影中的三代女性，"宛如上楼梯，一步又一步，或上或下，永远重复着相同的命运"。

周年反应

周年反应是指在某个特殊的时点重复发生类似的事件，或者重新体验过去的创伤所带来的痛苦。在心理咨询中，对时间的敏感性，往往可以帮助我们捕捉到这样的信息。

一位妈妈与 13 岁的女儿发生了激烈的冲突，当时女儿正处于青春期，某些叛逆行为属于这个年龄阶段的正常表现。妈妈后来回想起自己 13 岁时，也曾经非常怨恨父母，但却从不敢表达出来。她后来承认，女儿其实比当年忍气吞声的她敢于表达自己的想法与需要。仔细想想，她好像还有些嫉妒女儿。这种冲突实际上激活了她早年的委屈，和一些被压抑了很久的愤怒。

还有一位女性，每到父亲去世的那个月，她的身体就会出现各种状况。在分析中她觉察到，她似乎在用这样的方式来表达对父亲的思念。她以为这么多年过去了，自己早已不再悲伤，但当重新回想起父亲去世时那个阴雨连绵的三月，她才发现自己似乎从未有机会在父亲生前表达对他的愤怒、怨恨、爱的渴望、丧失后的悲伤。结果，这些被压抑的情绪，就以周年反应的方式不断地来提醒她，也许她仍然未能放下。

强迫性重复造成的影响

过度警醒

那些没有被处理的创伤性事件容易被"过度唤起"。它就像一个情绪按钮，只要触及这个地方，情绪就会被激活，导致夸张的表现或者过度反应。

比如有位来访者在 2 岁时被送到一个不太正规的幼儿园，她因为总是哭闹，被老师关进了小黑屋。后来，她无论如何都不愿再去幼儿园了。而在家里，晚上睡觉时她一定要开着灯。妈妈无意中听到孩子口中蹦出了"幼儿园黑"这几个字，才意识到孩子可能在幼儿园里遇到了什么不愉快的事情。

长大后，有一次家中突然停电，屋里一片漆黑，她就突然昏厥了。类似这种惊恐发作，就是早年创伤被激活后产生的过度反应。

过度警醒导致的过度唤起，很容易让人陷入情绪旋涡，无法进行理性的思考；有时也会让人把自己放在一个受害者的位置，无法与人建立信任的关系。

曾经有一对夫妻因为总是无休止地争吵来做夫妻咨询，妻子觉得自己很委屈，明明是表达关心，丈夫却总感觉是被控制。丈夫喜欢打游戏，有时会熬夜到两三点钟，妻子担心丈夫的身体会因为经常熬夜、平常工作压力大而吃不消，好心提醒丈夫早点儿休息。没想到丈夫听了居然勃然大怒，那一刻他仿佛突然体验到了当年母亲对她的控制，一下子失去了理性，冲着妻子大吼大叫："我的事情你别管！"事后，他又十分后悔，可总也控制不了情绪。这都是过去的创伤体验惹的祸。

回避新奇

在已知的痛苦和未知的焦虑中，过度警醒会让个体更倾向于选择已知的痛苦，而放弃对未知的探索。

每个孩子生来都对世界充满了好奇，往往会忽略现实世界的危险。一个孩子在安全的、有保护措施的情境下，会发展出探索世界的能力，并由此形成自己的创造力。研究表明，那些在养育过程中曾经被虐待、被忽视的孩子，会让自己处于高度警觉的状态，他们往往把注意力放在如何回避痛苦、处理危机上，而无暇顾及自身的成长，从而失去了向外探索的动力。

习得性无助

我们会不断地回到创伤情境中，不断地想要改变已经不可能改变的事实，一次次地碰壁，一次次地失败，最终自己陷入一种极度无力的状态：一方面渴望成功，另一方面又极度悲观，觉得自己根本没有机会去改变。

对下一代造成伤害

创伤会代际传递，并且在下一代身上重复发生。如果我们不能觉察或者处理好自己的创伤，我们就会不自觉地把这些伤痛带给我们的孩子。

比如小时候因为家里很穷，自己的需要永远无法得到满足，在养育孩子的过程中就可能会过度满足孩子甚至溺爱孩子；小时候受到自己父母的打骂是家常便饭，而自己还觉得这是父母爱的表现，结果长大后也经常打骂自己的孩子；小时候父母因为重男轻女总是特别偏爱弟弟，自己也会对女儿不自觉地贬低，喜欢不起来等。上一代与下一代彼此镶嵌在一起，代际创伤传递就产生了。

如何打破魔咒，让创伤不再强迫性重复

回到此时此地

强迫性重复总是指向过去，使人无法回到当下。我们可以通过"着陆练习"让自己回到此时此地：打开你的感官系统，环顾四周，你可以详细地描述你看见了什么吗？它们是什么形状的，是什么颜色的？天上的白云，像棉花糖还是像羊群？你听见了什么，是空调的嗡嗡声、街上的汽车喇叭声，还是窗外的蝉鸣声？你闻到了什么？是邻居家厨房飘来的米饭的香味、孩子的奶味，还是木质地板的味道？你可以用手轻轻地触摸身边的物品，感受一下它们是粗糙的还是丝滑的，是凹凸不平的还是平滑的，是坚硬的还是柔软的。你可以端起水杯，慢慢地喝下一口水，感受水的滋味，以及它慢慢经过喉咙进入身体内部的感觉。

这样，你的身体与思绪就回到了当下，你可以在属于自己的时间与空间里享受一杯清茶，感受此时此地的踏实感。

建立信任关系

要想修复过去的创伤，个体必须和另一个人建立安全、信任的联结，而在这样的关系中，他会获得与早年的创伤体验不同的感受，这种矫正性的体验，会终结强迫性的重复。

比如，遇到一个好的老师，遇到一个好的朋友，或者遇到一个好的伴侣，都会让我们在人际关系中体验到自己被重视、被在乎、被理解、被看见，从而提高自尊感。对自己有了新的认识，我们对待他人的方式以及别人对待我们的方式也会相应地改变。

假如在现实生活中无法找到这样的关系，可以尝试找一个咨询师来谈谈。在分析情境中，我们可能会重现早年的创伤，并且把咨询师移情成自己的重要关系人。咨询师的稳定、包容、温和的态度，以及与以前的重要关系人不一样的回应方式等因素，都有机会使创伤得到修复。

了解家族创伤，在书写中改写创伤故事

上溯三代，很多家庭的故事都是一部创伤史，同时也是一部奋斗史。我们在了解自己的家族故事时，会看见家族中的宝贵资源，以及精神遗产，这会让我们从家族中获得力量。

另外，在讲述的过程中，我们会通过不同的叙事方式，改写创伤故事，让自己在创伤中得到成长。

在我创办的电影写作训练营里，有一位来自农村的学员，她从小家庭困苦，一直有一种匮乏感。虽然这个家庭在物质上给予她的不多，父母也没有多少文化，但对她读书这件事情却非常支持，她认为这给她带来了心灵上的自由。看了她写的母女互动的部分内容，我给她的回应是，原来你一直都是"被富养"的。这样的回应让她带着新视角去重新看待自己的成长经历，她也确实产生了完全不同的感受，创伤在书写过程中被重新诠释，故事也就被改写了。

加入支持性团体中

强迫性重复行为的核心是一个种无助感、无能感，在一个团体互助小组中，你可以从别人的身上获得经验，获得解决问题的不同的方法。当你再遇到问题时会发现，你可以在不同的情境中灵活地使用不同的工具，而不是只用过去那种僵化的模式去应对。当你感到挫败时，你也可以从团体中获得支持、理解和鼓励，你可以继续勇敢地尝试。

欧文·亚隆（Irvin Yalom）在《妈妈及生命的意义》（*Momma and the Meaning of Life*）中提到自己在癌症病房创办的团体，团体成员都是癌症晚期病人。在这个团体中，成员们彼此支持，积极地面对病痛，个体的生命质量得到了提升。

1.6　反向形成——本应恨你，反而讨好你

在你的生活中是否遇到过那种表里不一、口是心非的人？他们总给人一种虚伪的感觉，让人无法信任、靠近。有时我们自己也会非常矛盾，明明对那个人没有好感，可是为了不伤他人的面子，或者为了某种需要反而会去恭维他。实际上，人们是为了防御自己内心的恐惧，害怕被抛弃、被孤立、不被认可，而使用了反向形成的心理机制。

反向形成一般是指我们潜意识的冲动，在意识层面上向相反的方向发展，人的外在行为或情感表现与其内心的动机欲望完全相反。这种防御机制往往与分裂、压抑与否认相伴而行。

反向形成如何在人的心灵内部运作

弗洛伊德把人的内在心灵结构分为本我、自我与超我。本我就是我们的本能冲动，而超我则是我们在成长过程中，从父母、社会或者文化中获得并内化了的道德、规条，就像法律是我们行为的最后一条红线一样，它一方面保护我们，另一方面帮助我们适应社会。本我是追求快乐原则的，但是超我并不允许本我这么恣意妄为，当这两股力量相遇，自我就充当了一个法官的角色出来调停或者协调，以达到心灵的动态平衡。所谓自我功能很弱，在某些方面就是指，一个人协调本我冲动与超我限制的能力很弱。

举个例子，青春期的小男生受激素的驱动，对某个女生有了朦胧的好感，很想跟她亲近，这就是他的本能冲动。但是他是个品学兼优的好学生、老师父母眼中的好孩子，而且他内心中也有一个声音禁止他有这样的想法或冲动：你这是早恋，不可以；谈恋爱会影响学习，这对你的前途会有影响；你这样做会让你的老师或者妈妈失望……这就是他的超我在起作用了。他知道自己与这个女孩在一起时是快乐的，这让他抑制不住地想她，但是他内化的规则又不允许他做出什么实际行动，他的内心就会同时被这两种力量撕扯。

这时，他的自我就出来干预了。假如我偷偷跟这女生来往，不让父母老师知道，是不是就不会让他们失望了？假如我离这个女生远一点儿，不再默默地关注她，是不是就不会想她了？而如果他的超我战胜了本我，他就会努力地压抑自己的本能冲动，让自己表现出拒绝女生的样子，比如非常冷漠地对待这个女生，甚至去诋毁她，对她搞恶作剧。他使用了一种与满足本能愿望完全相反的行为来攻击倾慕的对象，这样小男生的内在就重新达到了动态的平衡。

这时出现了两种情感：一种是恨，另一种是爱。而实际上，当我们提到一种情感 A（恨）时，我们同时也要想到实际上还存在 −A（爱），而当我们过度强调 A（恨）时，或许我们真正想要表达的是 −A（爱）。比如，你对曾经抛弃你的前男友恨之入骨，而实际上这可能是因为你太爱他了。这个情感的浓度或者绝对值其实是一样的，也就是爱有多深，恨就有多深。你不会对一个与自己毫无关联的人产生如此强烈的恨。当恨被充分地表达，爱的部分也就会慢慢浮现。

在我的写作团体中有一位成员，因为父亲重男轻女，小时候她还被送到别人家寄养了一段时间。她对父亲有着强烈的怨恨，即使当父亲病入膏肓，躺在病床上，她也仍然意难平。想想自己多年来一直在讨好父亲，只是想换来父亲对自己多一点儿的关注，而父亲直到行将就木也没有发现这些努力。她在父亲的病床前开始了血泪控诉，她想唤醒父亲，她希望父亲在活着的时候，能跟她说一声："孩子，这么多年来委屈你了，爸爸对不起你。"

她就这样不断地写，不断地发泄她的愤怒、悲伤。终于有一次，她在父亲去世后一年，回忆起父亲也曾经那么美好，跟自己也有过许多温馨的时刻；自己对于文学的热爱其实源自父亲，而且父亲的才华也在一次写作中被提及。我看到了她内在的转化，当对父亲的失望、愤怒、怨恨等负面的情感被充分表达后，爱的部分就流露了出来。写完那么多充满负面情绪的文字之后，她居然感受到自己也曾经是被爱包裹着的，爱在父亲和她之间流动了起来。

日常生活中的反向形成

其实，只要稍加留意，我们就会发现反向形成的例子不胜枚举。每当我们观察到那种不真实的、过分的态度时，我们就会想到事情的反面。

勤奋 vs 懒惰

有一个人在工作上特别勤奋，"996"是家常便饭。工作几乎占据了他的所有时间，甚至连正常的吃饭和睡觉的时间都被压缩了。

终于有一天，他累倒了，住进了医院。医生不让他看电脑、接电话，让他把工作全部放下，在医院静养。没有工作的这些天，他异常焦虑，总觉得没有了自己，单位的所有业务都会停滞下来。同时，头脑中还有一个声音总是跳出来责备他："你根本没病，你就是想偷懒！"

后来他发现，自己慢慢地开始接受这样什么都不做的状态，甚至有时还有些乐在其中。这让他回忆起当年爸爸总喜欢隔三岔五地不出去工作，妈妈就会指责他说："就是因为你的懒惰，家里才这么穷，还让我和孩子们跟着你受苦。"

那时，他就发誓自己一定不能像父亲那样总是偷懒，一定要给多年辛劳的母亲更好的生活。大学毕业后他进入现在这家公司，从业务员做到公司副总经理，一路打拼，常年无休。伴随着事业的成功，他的身体在还不到 40 岁的年龄就垮了。

其实，他这种过度勤奋的行为，是为了压抑懒惰的欲望。懒惰是人的天性，只是他的超我不允许他这么做，对成功的渴望的驱动力更大。最终他以身体出现严重状况的方式让自己有了名正言顺的"懒惰"理由。

独立 vs 依赖

我们这个时代特别强调女性的独立，无论是单身的还是已婚的，好像最后都成了"女超人"。

职场妈妈小黎有两个孩子，大宝 7 岁，二宝 3 岁，她的生活就像战场。早上 5 点多起床，鸡飞狗跳的一天就开始了。准备好一家人的早餐，然后叫醒大宝，让他自己穿好衣服，然后去洗漱吃饭，接着帮小宝套上校服。小宝赖床又非常磨蹭，眼看着时间来不及了，她会忍不住对着小宝一顿吼叫。随后她胡乱扒拉两口饭，就匆匆送两个孩子上学去了。这时，昨夜晚归的老公还在床上补觉……

小黎正在竞争一个中层领导的岗位，她想在 30 岁这个年龄上再拼一把，努力让自己再上一个台阶，否则就再也没有机会了。说实在的，她除了工作有点儿拼，无论在学历上还是沟通上都没有太多的优势，好在领导对她的工作还比较认可。

小黎小时候就被妈妈教育说，女人一定要自立、自强，不能依靠男人，因为男人都不可靠。小黎把妈妈这句话奉为"圣旨"，无论在生活中，还是工作上，都要求自己独立，能自己一个人干的，就尽量不找人帮忙。

结婚后，小黎跟丈夫 AA 制。她觉得只有自己在经济上独立，才能获得丈夫的尊重。她从不向丈夫示弱，哪怕身体不舒服也咬牙自己扛。在对孩子的教育上，她更是不含糊，觉得丈夫做得不够好的，索性就全部亲力亲为。

实际上，小黎外在表现的过度的独立是在防御她对依赖的恐惧。依赖一个人会带来很多风险。第一，可能会有被拒绝的风险，这会带来挫败感，让自己感到自己是无价值的，不配得到帮助。第二，可能有丧失客体或者来自客体的爱的风险。一方面，依赖的对象可能会出现意外，人们可能会丧失依赖的客体，另一方面，人们也可能无法从依赖的客体那里获得长期稳定的支持与帮助，与其这样，还不如一开始就不要。第三，担心自己丧失某些自我的功能。就像《我的前半生》中的全职太太罗子君，在丈夫的呵护下成了生活中的"低能儿"，最终被丈夫抛弃。

所以现在的很多女人似乎比男人更有危机感，她们不仅担心自己身材的臃肿、脸上的皱纹，还担心自己跟不上时代，被生活所抛弃。她们不是正在学习，就是在充电学习的路上，而男性则显得佛系多了。

勇敢 vs 怯懦

心理学上个现象叫"逆恐行为"，就是明明怕得要死，却偏偏去干那些极度危险的事情，或者根本没有意识到事情的危险性。它们通常会被认为是一种勇敢的行为。

　　这种现象在小孩子身上也很常见。比如一群小孩在玩从高处向下跳的游戏，其中一个男孩走到高处，他非常害怕，腿一直在抖。这时，他很想退回去不玩了，不过小伙伴们都盯着他，他很犹豫。可能大家看出了他的胆怯，一起起哄说："胆小鬼，跳呀！跳呀！"这个小男孩被激怒了，闭着眼睛跳了下去，这就属于用勇敢的行为去掩盖自己的怯懦。

　　为什么会出现这种"逆恐行为"呢？对于男人来说，很多人要求男人不能说"我不行"，如果有男人遇事就腿软，人们就会指责他们说："你还是不是个男人？"所以，即使内心害怕，也要表现得很勇敢，并且用行为去证明自己不害怕，他们认为只有真正的男人才会去做那些很危险的事情。

攻击别人 vs 攻击自身

　　我们因为害怕攻击别人、畏惧权威，而把对他人的愤怒转向自身，转而攻击自己。比如在某个公开场合被领导批评，自己有种委屈和被羞辱的感觉，但又不敢对领导发火，就会非常自责：都是自己做得不好，甚至恨不得找个地缝钻进去。

　　在抑郁症病人与父母的关系中，我们也能看到类似的情形。有位来访者小冰从小被母亲虐待，母亲只要一不顺心就拿她撒气，有时下手特别狠，弄得小冰身上总是伤痕累累的。她特别恨自己，为什么总是不争气，不能让母亲天天开心。每当想起这些，她就不自觉地做出一些自残行为，而她的内心异常平静。她觉得只有这样，才能抵消自己身上的罪责。当别人提醒她，是母亲打她不对时，她一个劲儿地摇头说："不是的，妈妈是为我好，我妈也真的挺不容易的。"在她的心目中，母亲无论怎么对待她，似乎都是天经地义的。

在做了心理咨询后，小冰才看见了她害怕被母亲抛弃的恐惧，才明白正常的母亲一般是不会对自己的孩子下此毒手的，她开始敢于在咨询室里表达对母亲的恨了。在咨询的后半段，小冰有一次说，上次我妈又想对我动手，我非常愤怒地反抗说："虽然你生了我，但我不是你的私人财产，我不会任由你摆布！"你不知道，当我说出这句话时，感觉有多爽。当时，我妈也惊呆了。从那以后，她就再也没敢对我动手了。

明白了"反向形成"，可以给我们的人际关系带来什么好处

更清晰地识别发生在自己身边的人和事

谚语或者成语中有许多说明反向形成的例子。比如"无事献殷勤，非奸即盗"，就是如果一个人对你过分殷勤，那么即使他看起来在表达善意，背后也可能充满了恶意。又比如"口是心非"，就是嘴巴像抹了蜜一样，拼命夸你，实际上心里可能根本瞧不起你，甚至会在背地里贬损你。还有"打是亲热，骂是爱"，打骂明明是一种破坏关系的行为，却被用来表达爱，是不是有些分裂？"吃不到葡萄，说葡萄酸"，就是明明渴望，却故意说那个东西不好吃。"秀恩爱，死得快"，似乎也凸显了这个心理机制，越是缺什么，越要是显摆什么。因为夫妻之间的恩爱是一件很私人的事情，有必要把它放在光天化日

之下吗？

　　洞悉这种内在的心理动力后，你是否能够更加准确地识人呢？曾经有位管理者在跟我分享他的用人之道时说："对于那些对你过分殷勤的人要防着点儿，这种人不可重用。"或许，他一眼看出了这种人的心口不一吧。反而是那种直性子，有什么问题直接说出来的人，才不会在桌面下搞小动作。

让自己远离伤害

　　前面提到的小冰，她在接受心理咨询后，明白了她原来把对母亲的恨转向了自己，通过不断地自残来表达愤怒，当她看到了这些，就停止了自我伤害。她也学会了如何应对母亲对她语言上与身体上的伤害，以便更好地保护自己。

　　那些有"逆恐行为"的人，可能为了逞一时之快，为了证明自己的勇敢，而完全没有意识到事情的危险性，结果失去了生命。当我们能够看见自己内在的恐惧时，我们就会启动一种自我保护机制。就像人们在遇到危险时，会做出本能反应——战斗或者逃跑，这种经过千年进化的古老机制，对我们的生存也起到了保护作用。

如何去识别与应对反向形成的心理机制

在关系中识别

　　人是活在关系中的，也只有在关系中，我们才有机会识别自己以及他人内在的心理机制。

　　在社会化的过程中，为了适应社会，同时为了保护自己不受伤害，我们会戴上面具，使用很多伪装。面具戴久了，我们就会很难分清哪个才是真实的自己，也会在这个过程中逐渐迷失自我，麻木地生活着，这也是人们产生痛苦的原因之一。

我们喜欢真实，不喜欢虚伪。一方面，我们不希望自己被欺骗，另一方面，我们会在摘掉面具后感受到自由，而这背后的核心其实就是"知行合一"，而不是去使用扭曲的"反向形成"与人互动。

在人际互动中，我们既可以看见自己内心与行为不一致的地方，同样可以发现对方不一致的地方。当然，袒露真实的部分是需要勇气的，不过在自我暴露之后，我们往往也能收获真诚。

留意那些被过分强调的东西

凡是遇到被过分强调的东西，我们都需要停下来多想想这么做的目的是什么。比如最近有个朋友频繁地发朋友圈，她的生活看似很热闹，其实或许她是在掩饰内在的空虚寂寞；比如某个做微商的朋友总在朋友圈里晒他又成交了多少单，这也许只是一种营销行为，不过，我们也可以多想想，是不是他根本就没卖出去多少。假如生意真的那么忙，哪有空天天刷屏呢？

当然，我说的只是一种可能性、一种假设，千万不要把这种假设当成唯一的正确答案。你可能需要更多的信息去验证真实情况。不过这至少让你产生了好奇，你可以带着好奇去了解事情的真相。

建立边界感

远离那些可能对自己造成伤害的人。

比如，当你发现这个人总是说一套、做一套，那么他对你所做出的承诺基本上就是空头支票，你也就不必对他抱太大期望。同样地，你也就不需要在这个人身上投入过多的情感与资源，因为你的投入可能得不到你想要的回报。

当有人对你奉承恭维或者过度赞美时，或者有人总是不想当面交流，老是在背后评价别人时，我们就需要对他们提高警惕，因为被捧得有多高，摔得就有多惨。那些不切实际的恭维与赞美，最终可能会毁掉我们。

所以，远离虚伪的人，与真实的、真诚的、表里如一的人交往，才能看见真实的自己，活出真实的自己。

1.7　症状——用躯体症状防御痛苦的情感

身体出现了问题实际上是在给我们发信号，让我们关注自己的情绪。心理动力理论认为，躯体化症状的出现是为了防御因内在的心理冲突无法被解决而产生的痛苦情感。在临床中，除了针对身体症状进行恰当的治疗，病人如果能够在治疗过程中得到来自医生、家人的关心，同时自己保持积极的生活态度，往往会获得更好的治疗效果。

反过来，疾病也会引发更强烈的负面情绪。由于疾病对身心的长期折磨以及经济负担的加重，很多病人会产生不同程度的抑郁情绪，同时可能丧失自信心，产生强烈的无用与无价值感，对生活失去希望。另外，由于治疗及康复的需要，病人不得不暂时或长期脱离原先的工作和学习环境，与社会和朋友之间的关系也会有不同程度的疏离，这都会使病人变得敏感多疑、情绪低落，病人也会因为感到自己的痛苦无法被理解而产生强烈的孤独感。

身心是一个整体，这种古老的哲学理念在中医理论中有着充分的表述。中医会把身心看作一个整体，在民间也流传着"怒伤肝、喜伤心、忧伤肺、思伤脾、恐伤肾"的口诀，很多疾病的产生与情绪有着密不可分的关系。随着解剖学、生物科学的发展，人们看待身体的视角逐渐从宏观转向微观，基本不再考虑生理疾病的精神心理因素。近些年，某些综合医院出现了身心科或者睡眠科，有些时候生理疾病病人的主治医生会邀请精神科医生联合会诊，实际上这体现了在治疗中，重新把病人当成一个完整的人来看待，而不是只关注某个出现了问题的器官。

常见的身心疾病

接下来，我们针对一些常见的心身疾病来展开讨论。有以下躯体症状的病人，如果在正常治疗中配合心理咨询或者心理治疗，效果会更好，病人自身也将更能适应与疾病共处的状态。

失眠

据世界卫生组织的相关统计，全球有近 1/4 的人受到了失眠的困扰，每年有近 8.6 亿人患失眠抑郁障碍。在我国，有近四成的成年人存在睡眠质量问题，有些人甚至需要长期服用助眠药物才能入睡。

有人说，没有无缘无故的失眠，虽然实际情况没有这么绝对，不过，我们往往会从最近的生活压力事件中发现某些引起失眠的原因。

曾经有位女士因为失眠将近 3 个月前来求助，医院开了镇静助眠的药物，不过她担心从此形成药物依赖，转而求助心理咨询。我留意到，第一次咨询时是她老公送她过来的，再之后都是她独自来的，因此话题很自然地转到了她与老公的关系上。当聊到她老公时，她突然有些情绪失控，说前段时间发现老公出轨，他们天天吵架，闹到要离婚的地步。在这个当口，她的父亲因为突发心脏病去世了，以前深爱自己的两个人同时离开，这让她感到心灰意冷。她既处理不了对老公的愤怒，也无法面对失去父亲的悲伤，这一系列的事情叠加在一起，导致了睡眠障碍。可见，失眠在很大程度上是心理因素导致的。

长期的失眠会带来身体免疫力下降，导致对各种疾病的抵抗力变弱。白天精神状态不佳，可能会导致注意力不集中，焦躁易怒，从而影响工作效率以及人际关系。

所以，睡眠是一个不可忽视的大问题，它会带来生理与心理的连锁反应。正如前面所提到的循环因果关系，如果放松心情，接受生活中已经发生的事情，睡眠问题可能会得到缓解。如果晚上能保证连续几小时的深度睡眠，心情就会渐渐好起来。所以，无论是从生理入手，还是从心理入手，都有机会给睡眠质量带来改变。

无缘由的躯体疼痛

有一类"老病号"总是会往医院跑，他们的身体确实会出现各种疼痛，他们不断地做检查，却找不到任何器质性的病变。不过在去医院看过医生之后，他们的症状就会得到缓解。

在精神分析角度看来，医院有着类似于母亲的功能，充当着一个照顾者的角色。如果就诊的医生对病人表达了关注和关心，同时说一些宽慰病人的话，或者开一些相当于安慰剂的药物，就会让病人的心理得到某种程度的满足，症状也会得到缓解。

还有一种有意思的现象，我把它称为周年反应式的疼痛，也就是在周年或者类似的情境中会出现疼痛的症状，而一旦过了这个周期，或者脱离了类似的环境，疼痛会自行消失。

有位中年女性，只要在每年 8 月下旬遇到雨天，右腿的膝关节就会异常疼痛。刚开始她以为是关节炎，但去医院检查，并没发现什么问题。雨过天晴后，疼痛会自行消失，特别奇怪的是，即便是在春天的梅雨季节，关节疼痛也不会复发。

当留意到了这个规律后，她开始努力回忆在她生命中的某个 8 月究竟发生过什么，她猛得记起母亲去世是在 5 年前的 8 月。当时自己肩负着一个重要的项目，而且已经到了关键期，即使母亲病重她也没有时间回家照顾。当接到了家人的通知急忙赶回去时，母亲已经离世，她没有见到母亲的最后一面，这成了她终生的遗憾。她记得母亲出殡那天，天上下起了大雨，当时因为雨天路滑，自己不小心摔了一跤，正是右腿的膝关节着地，事后她发现腿上青了一大块。

匆匆料理完母亲的后事，她几乎没停留，就返回了工作岗位。她来不及处理哀伤，而工作也让她暂时忘记了痛苦。不过，因为痛苦没有被充分地表达，那些被压抑的情感就以周年反应式的疼痛的方式出现在她的生命里，提醒她去看见自己丧失的部分，去认真哀悼。当她看见并理解了身体给她传递的信号，疼痛居然再也没有在下雨的 8 月出现，只是雨天让她多了一些哀思，她觉得母亲其实一直都没有离开。

有时，别人的疼痛也会引发自己的疼痛。人之所以为人，是因为我们有同情或者共情的能力。正如一句话所说，痛着你的痛，悲伤着你的悲伤，当你看到别人痛时，自己也会感受到疼痛。这是因为我们大脑中的镜像神经元在发挥作用，也正是因为镜像神经元的存在，让我们能感受到与他人的联结。

养育过孩子的人也会有切身的体会，当自己的孩子生病或者受伤，自己也会有非常心疼的感觉。或许，我们就是在用疼痛的感觉去共情他人，让他人感到被支持、被理解。

甲状腺亢进

甲状腺亢进又被称为"甲亢"，属于一种器官自身免疫疾病。甲亢病人最突出的形象是身体精瘦，两眼突出，面部肌肉紧绷，一副随时准备战斗的样子。

研究发现，过于持久或强烈的精神应激是引起甲状腺疾病的重要因素。在患病后，如果能够准确关注自己的情绪变化，对于抑郁、焦虑等情绪及时进行心理疏导，保持良好的心理状态，再配合药物治疗，往往可以提高治愈率，减少复发率。

从心理层面来看，甲亢实际上是身体无法表达的愤怒。甲亢作为一种复发率很高的身心疾病，仔细观察我们会发现每一次的复发都与重大的生活事件所触发的情绪压力有关。

有位 40 多岁的中年女性有甲亢的家族史，母亲与妹妹都患过甲亢，而她在上大学时也被诊断出了甲亢。不过，在交男朋友后，她的症状得到了缓解。第一次复发是在她生完孩子返回工作岗位后。因为工作时间长、压力大，回家后还要照顾孩子，她几乎没有睡过一个饱觉。加之与婆婆的关系紧张，同为医生的丈夫工作忙碌，也很少关心她，她出现了心慌、失眠、手抖、心跳过快的现象，最终被确诊了甲亢。后来，为了照顾孩子，同时支持丈夫的晋升，她放弃了自己的升职机会，内心委屈而愤怒，夫妻关系也降到了冰点，她抑郁了。

在十多年里，她四次患甲亢，两次抑郁，甲亢与抑郁就这样交替出现。最终，她走进了心理咨询室，通过精神分析，了解到原来她这些愤怒来自于早年的创伤。她作为一个留守儿童，曾被父母"抛弃"，在祖父母那里又被忽视，她渴望爱，于是过度付出并索取爱，但又无法得到回应，就把这些愤怒内化，产生了对自己身体的攻击。当她看见这些，并且理解了自己时，她释然了，从此抑郁与甲亢再也没有出现。

癔症（解离或转换障碍）

分离转换障碍（过去被称为癔症），通常是重大的生活事件或者不良刺激引发的内心冲突导致的身体障碍，包括感觉、运动和自主神经功能的紊乱。而且这些障碍并无器质性基础，患者尤以青春期、更年期的女性居多。这类人的人格特点是幼稚，心理承受能力差，比较容易受暗示指引。假如无法找到诱发因素，分离转换障碍一般很难被治疗。

弗洛伊德的一个著名的患者安娜·欧患上的就是典型的癔症，又被称为歇斯底里症，现在被我们称为解离或转换障碍。

安娜出生在维也纳一个上流社会家庭，从小精通多门语言，智力超群，有着非常敏锐的直觉和洞察力。严格的家教，让固执的安娜时常感觉到"严厉而带有批判性的抑制"。

安娜得了一种怪病，那就是在长达六个星期的时间里，即使干渴得无法忍受，她也无法喝水。在催眠过程中，她看见了自己童年时，走进了她不喜欢的女家庭教师的房间，目睹了家庭教师的狗从玻璃杯中喝水，这引起了她的强烈厌恶。但由于受到尊敬师长的传统影响，她只好默不作声。在恢复了这段因压抑而被遗忘的记忆之后，她无法喝水的症状就消失了。

弗洛伊德还接待过一位叫丽莎的年轻女人，她因为手臂麻痹而无法做家务，非常痛苦。弗洛伊德在检查过她的手臂后，发现其神经、肌肉一切正常，并没有生理上的问题。

在治疗过程中，他了解到，丽莎早年丧母，而父亲又身患残疾，因此照顾父亲的责任顺理成章地落到了她的身上。当时她已经到了适婚年龄，有人向她求婚，由于她必须照顾父亲，无法答应对方的请求，最后不得不与对方中断了关系。在结束这段关系之后，她的手臂开始出现了麻痹的症状。通过分析，弗洛伊德发现，她潜意识中渴望自己能够生病，也就是让手麻痹，这样她就可以不用照顾父亲，也有机会寻找到一个好的感情归宿。

弗德伊德对癔症的研究产生了一个结论，即症状是压抑的结果。当本能的欲望受到严苛的超我打压，它就采用转换的方式，通过症状去表达。

进食障碍（暴食症、贪食症）

知乎上有个 14 岁女孩发帖称恨死自己了，她嫌弃自己胖，盘算着今天吃什么，想催吐，还背着父母偷偷运动，满脑子只有减肥、减肥、减肥，这导致她的学习成绩一落千丈。原来有 115 斤的她，通过 4 个月的节食，成功地将体重降到了 85 斤，在那之后，她发现自己不会吃饭了。

一方面她对食物极其厌恶，甚至恶心，进食有困难，另一方面她也不能容忍自己胃里有东西，总是想办法催吐。父母发现她的问题之后，要么强迫她进食，要么对她催吐的行为表示厌恶，这也导致她与父母的关系到了势不两立的地步。

从精神分析层面看来，食物代表的是母爱，而拒绝吃东西，其实是拒绝"有毒"的爱，那些以控制、情感勒索的方式施予的爱。而催吐的动作，在潜意识中也是想要把这种令自己不舒服的感受排出身体，用身体替代情感来表达愤怒。

另外，在我接触的青少年个案中会发现另一个现象，就是肥胖，这些青少年明明知道肥胖会给身体带来负担，不利于健康，甚至可能遭到同伴们的歧视，也仍然无法控制食量。

暴食往往与过高的压力有关，他们似乎只有通过不断地吃东西，才能缓解压力或者焦虑。而身体的肥胖，撇开遗传或者病理性肥胖，可能传递了一个信号，那就是关系出了问题。在分析过程中，我们的确发现这些孩子与父母的关系存在着很多冲突。在青少年期，他们开始变得有力量，想要摆脱父母的控制，但在现实层面又有很多的无力感。当自己的生活无法被自己控制时，他们唯一可以控制的就是自己的饮食了。用暴食表达对自己以及对父母的攻击，成了一种更隐蔽，又更为容易的方式。

癌症

近几十年的行为医学研究显示，心理因素是影响癌症形成的重要因素之一。癌症患者在症状出现前最明显的重大生活事件是与之有着亲密关系的重要亲人的丧失。调查发现，在一组接受癌症治疗的患者中，大多数人在发病前半年到 8 年间曾经遭遇失去父母、爱人或者孩子的打击。另外，对于负性事件的不良反应方式是导致癌症高发的另一个重要因素。对于那些经常采用克制、压抑、情感隔离的方式来应对压力或创伤事件、没有情绪宣泄出口的人来说，癌症的发病率更高。

我有一位朋友的父母双双患癌，而他们之间那种相互伤害的"有毒"的关系，或许是引发癌症的关键原因。母亲年轻时非常漂亮，有些心高气傲，阴差阳错地嫁给了各方面条件都很普通的父亲。"下嫁"给父亲后，母亲总是很委屈，对父亲也存有颇多不满。父亲的耐心被磨没了，开始对母亲冷暴力，基本上不对她做任何回应，甚至几天都不理她。二人就这样磕磕绊绊地过了一辈子。父亲觉得自己这一生过得很窝囊，而母亲则觉得自己过得很委屈，两个人都觉得婚姻不幸福。父亲每天需要应付母亲对自己的贬低与攻击，而母亲则把攻击转向自己。最终父亲患上了胰腺癌，而母亲患上了乳腺癌。

假如有一个情绪的出口，或者有一种更为健康的方式来转移情绪，也许身体也不会如此脆弱了。

为什么会出现身心疾病

精神疾病会让我们有病耻感，因为很多人认为生理出现疾病更正常，而心理出现疾病会被人说成"神经病"，会给自己的人际关系以及社会形象带来损害。另外，生理疾病所带来的痛苦更为显性，也可以被更好地治疗。心理疾病，比如抑郁、焦虑、强迫等，相对不被理解，会被认为是无病呻吟，太过矫情。从功利的角度来看，生理疾病可以在某些方面获得更大的好处。所以，如果在生病这件事上有选择的话，身体的智慧更倾向于让躯体呈现病态。

弗洛伊德说，一切被压抑的东西都要寻求表达。而人们通常呈现四种表达方式：躯体化、行动化、言语化、艺术化，其中最低级的表达方式就是躯体化。

躯体化就是前面我们所说的，用躯体症状来表达愤怒、恐惧或者焦虑等情感。行动化是用行动的方式来表达不满，比如幼儿园的小朋友会直接抓人或者把小朋友推倒，或者有的来访者会通过迟到、缺席或不付费等行为来表达对咨询师的不满。言语化是一种较为高级的表达情感的方式，就是用语言来表达自己的情绪，这包括了书面语言与口语。在电影《绿皮书》中，音乐家代司机写给他妻子的情书给观众们留下了深刻的印象，读信的妻子被感动得泪流满面，二人的情感因此更加浓烈。在表达方式中，最为高级的是将生活中的故事抽象化之后，通过艺术方式去表达情感，即艺术化的表达。音乐、诗歌、绘画、文学创作，都可以用来表达作者复杂的情感，将个体情感升华到对人类共同命运的悲悯，从而唤起人们内在的美与善良。

当然，躯体症状因为是外显的，更容易引起人们的关注，这也就体现了症状的功能性。处在不同的生理与心理发展阶段的人，所采用的表达方式会有很大的区别。比如语言表达能力很弱的幼儿，一般会使用躯体化的方式来表达焦虑、恐惧等情感，而躯体化本身也会给他带来某些好处。孩子生病可以让父母不再忽视自己，或者让一直争吵的父母暂时放下争执而合力去照顾生病的孩子。所以，从某种程度上来说，症状是有功能的，它可以让有躯体症状的人获得某些一直渴望的满足，或者达到某种潜意识中的目的。

另外，相较于心理因素所带来的痛苦，生理上的疼痛会更可控一些，我们可以对症下药。心理的痛苦往往来自关系，而当我们觉得都是别人造成了我的痛苦时，这就变成了不可控的事情，因为我们根本无法改变别人。反过来说，躯体的痛苦也可以用来控制关系，比如一个有心脏病的人一生气就会发病，那么周围的人可能就会对他小心翼翼，进而影响他们的关系模式。

如何应对身心疾病

身体生病了，人们会首先选择就医。如果在给予恰当医治的同时，医生还能对患者表达更多的关心，患者也更容易对医生产生信任的感觉。

患者在患病之后会变得敏感脆弱，易受暗示。而这个暗示如果是正向的、积极的，患者也会对自己的疾病更有信心。有一位来访者在跟我谈论自己就医生的经历时说，医生很冷漠，一上来就直接开药，让我觉得他根本不了解我的病。因为对医生的不信任，他对药物也产生了一些怀疑，当出现一些副作用时，他马上停药了。因为无法信任医生，进而无法信任诊断与治疗，无法信任药物，这对治疗疾病的影响是很大的。

其次，我们知道，患上心身疾病的最主要的原因，是那些被压抑的情绪情感通过躯体被表达了出来。那么，我们就要学会通过其他更健康、更有创造力的方式去表达情感和自己的需求。

当我们愤怒时，我们想想还有什么其他宣泄方式？跑步可以让我们的身体产生内啡肽，让我们的身心愉悦起来。改变自己的认知，也可以把自己从愤怒的泥潭中拽出来。有人说愤怒是用别人的错误来惩罚自己，所以你要想想，攻击自己对自己会有什么好处呢？当然，还可以通过写作来发泄自己的不满。记得有位作家对他的母亲"恨之入骨"，但在伦理上他又不可以对母亲发火，他就把对母亲的恨写成了小说。虽然故事中的人物形象、年龄以及发生的地点都做了很大的改动，不过他的母亲还是一眼就看出人物的原型是她自己。小说作家用写作完成了对母亲情感上的宣泄，而在现实层面他与母亲的关系却变得更融洽了，母亲从小说中读懂了儿子内心的痛苦。

另外，我们也可以参与一些治疗性团体或者支持性团体。

我曾经组织过很多期的写作团体，在这样一个封闭的团体中，团体成员逐渐感受到支持与理解，并且有了一定的安全感，他们开始逐渐地打开自己，愿意去书写早年经历的一些创伤故事，比如小时候被猥亵、被忽视，亲人离世，被爱人背叛，等等，他们通过书写和表达可以逐渐尝试放下那些创伤的部分。在书写过程中，他们感觉自己变得越来越勇敢、越来越有力量，某种转化就在不经意间悄然发生了。

还有，正念减压疗法可以帮助我们减轻躯体的疼痛，缓解病症带来的痛苦。

心理分析可以帮助我们看见那些被压抑到潜意识里的记忆和情感，进而通过谈话的方式去表达对创伤事件的愤怒。在与咨询师沟通的过程中我们会重新体验到早年与重要客体之间的爱恨情仇。当我们仍然用过去常用的躯体化或者行动化的方式去表达情感时，咨询师会敏锐地捕捉到这些信息并给予诠释，帮助我们用更言语化、艺术化的方式去表达。此时，我们将获得一种矫正性体验，在咨访关系中学习到更好的替代性的表达方式，让自己获得心灵上的自由。

1.8　贬低——夸大的自我，看谁都不顺眼

有这样一类人，他们很擅长通过贬低别人树立自己的权威；在亲密关系中，他们总是贬低对方，把对方说得一无是处，把一切不好的结果都归咎到对方身上，从而彰显自己的正确性；在教育孩子的过程中，他们总是炫耀自己当年如何厉害，贬低孩子的智商或者拿自己家的孩子与别人家的孩子进行比较，以此"激励"自己家的孩子，这些行为或者想法其实都是为了维护他们的自尊，从而掩饰自己的无能。

在咨询室中，我们也常常会遇到这样的来访者，他们会将那些曾

经迫害、贬低的客体一起带进咨询室，这被称为"咨询室中的幽灵"。

有些来访者会把咨询师放在与自己竞争的位置上，他们会自学很多心理学知识，甚至在咨询中与咨询师辩论，内心深处对咨询师充满不屑，心里想着"你还不如我"，而且要处处证明他比咨询师强。似乎他来到这里不是为了让咨询师帮助他，而是为了打败咨询师。他们会对咨询师的各方面展开猛烈的攻击，包括学术成就、专业水平、衣着打扮、工作室的装饰等，甚至扬言要去找其他更厉害的咨询师，因为觉得你配不上他。

咨询师需要努力地在这种被迫的竞争性关系中存活下来，或者能够接得住来访者不断增强的贬低与攻击，只有这样，才有可能让来访者发生改变。否则，来访者最终会抛弃咨询师，不再给咨询师任何机会。

由欧文·亚隆的小说改编的同名电影《当尼采哭泣》（*When Nietzsche Wept*）中，自恋的尼采精神出现了问题，他的女性朋友莎美乐想找人为他进行心理咨询。尼采因为言论思想怪异而被主流社会不容，被迫辞去了大学的工作，生活困顿。咨询师布洛伊尔曾想对他进行免费的心理咨询，不过自恋的尼采并不认为自己有病，断然拒绝了布洛伊尔的好意。作为布洛伊尔学生的弗洛伊德想出了一个主意，他假装布洛伊尔病了，邀请尼采为他进行心理咨询。在这个咨询关系中，尼采的自恋心理被充分地满足了。

弗洛伊德说自恋的人不可被分析。虽然精神分析发展到今天，这一绝对性的论断被打破，但这从另一个侧面说明对此类型的来访者来说，治疗 ① 是极其困难的。

所以，当咨询师与自恋的来访者进行对话时，经常会有一种如履薄冰的感觉。女性咨询师在接待来访者之前或许会思考自己当天要穿什么衣服、化什么样的妆容，以免被来访者挑剔。当咨询师准备休假时，即使提前通知了来访者，并且与他讨论过，来访者仍然会感到自己被抛弃了，在下一次会面时感到自尊受损，从而暴怒。

来访者最初可能会把咨询师理想化，可能会夸赞、恭维咨询师。不过，此时咨询师可要当心了，因为他把咨询师捧得有多高，后面就有可能把咨询师贬损得多厉害，迟早都会遇到理想化破灭的阶段。

贬低与自恋的人格特点

从精神分析家海因茨·科胡特（Heinz Kohut）的自体心理学的理论来理解具有自恋性人格特质的人，我们可以发现这背后与贬低有着密切的联系。

夸大性的自我

海因茨·科胡特在《精神分析治愈之道》（*How Does Analysis Cure?*）一书中提到，"对于那些因受到侮辱而产生的自恋性创伤，报复行动一刻也不得拖延"，他们会将"敌人"体验为一个放大的自体"难以驾驭的部分"，并期望对其具有完全的控制。对他而言，让他意

---

① 因为精神卫生法以及心理咨询伦理规定，心理咨询师不能从事心理的诊断与治疗工作，本书作者的职业是心理咨询师，所以会尽量避免使用"治疗"这个词，不过，为便于理解，本书偶尔也会使用"治疗"，是指有资质的治疗师所实施的治疗。

识到另一个人与他是不同的，即这种差异是一种冒犯或打击。

婴儿在被养育的过程中会有一种无所不能的感觉，他认为自己可以用哭声控制整个世界，他就是世界的中心。在母亲的恰当回应下，他会得到生理和心理上的满足，从而形成夸大性的自体，这也是自尊形成的基础。

假如孩子没有得到恰当的回应，他的夸大性自体就会受损。他会觉得自己是不好的、不可爱的，所以才被如此对待。这种不好的感觉同样会让他体验到被贬低。而这种被贬低的感受会让他对别人的认可上瘾，同时会对别人的评价和看法保持高度的敏感。一旦体验到自己不被认可，就会激发自恋性暴怒，这实际上是对曾经被贬低的报复。

理想化自我

每个人都期待活成自己想要的样子，即拥有理想化自我的形象。理想化的自我可以从自己的父母、老师或者某位长辈身上衍生出来，也可以从历史人物、小说中的角色或者现实生活中的偶像身上衍生出来，并且在自我探索的过程中，自己未来要成为的人的形象也会变得越来越清晰。

当理想化自我与现实自我之间的距离很远，无论自己如何努力都无法企及时，自我贬低可能就会产生。

同样地，他们也会把这些期待投注到自己的理想化客体身上。当这些理想化客体的表现无法满足他们的期待或者理想化破灭时，他们就会对理想化客体进行强烈的贬低。

在如今的网络世界中，经常会出现这样奇特的现象，拥有庞大粉丝群体的偶像或者网红，一旦之前塑造的人物形象因为某个意外事件而受到严重的不良影响，粉丝们就成了最执着的攻击或者毁灭他们偶像的力量。

孪生自我

孪生自我是从同伴关系中发展而来的。同伴中的竞争会引发嫉妒，自己因为竞争不过同伴，可能会极力贬低对方，甚至有毁灭对方的冲动与欲望。

受社会与家庭的影响，有些人会不自觉地让自己处在竞争性关系中，甚至会有一个假想敌，来与自己争夺资源。他们内心有一个强烈的信念，那就是"我需要比你强，我要优秀，我要完美"。从小学到大学的升学过程就像升级打怪，每次通关会积累很多经验，但级别越高，难度越大。有一些在小学成绩优异的孩子，在升入重点初中后，会发现越来越无法脱颖而出，这时，他们就会产生厌学情绪。当这种情绪出现时，他们就根本学不进去了，从而导致成绩进一步下滑，这就形成了一个恶性循环。

为什么一个人总会贬低别人

在养育过程中，曾经被不断被贬低

我们的行为模式来自我们曾经是如何被对待的。父母之间的相互指责与贬低，父母对孩子的不认可与贬低，都会让孩子在潜移默化中学会运用贬低的方法与人建立联系，同时也会不断地怀疑自我，甚至感到自卑。

来访者小赵因为自己不够自信前来寻求帮助。她发现因为自己的不自信，她总是不敢争取已经摆在自己面前的发展机会，也不敢与比自己优秀的男生交往，这让她无比懊恼。

回顾她的成长经历，她说自己是"硝烟弥漫"的家庭中的幸存者。从她记事开始，家里总是充满了"火药味"，父母争吵不断。母亲会抱怨父亲无能、赚不到钱，父亲则指责母亲爱慕虚荣、水性杨花。让小赵不能理解的是，父母争吵了这么多年，却从来没想过要分开。小赵既看不起父亲，也瞧不起母亲。母亲将怨气发泄到她的身上时，会口不择言，什么难听的话都说得出口，往往把她贬得一无是处，这让她对于母亲心生怨恨与鄙夷。

好在小赵非常聪明，学习成了唯一让她骄傲的东西。也只有在拿到好成绩后，她才能看到母亲的好脸色。母亲从不当面夸小赵，却在背地里经常拿着女儿的成绩到处炫耀，好像这份荣耀是她自己挣来的似的。

小赵博士毕业后，才发现自己除了学习之外什么都不会。一方面她会觉得周围的人很肤浅、幼稚与可笑，另一方面她又觉得自己无论是情商还是生活技能都不行。她总是在自信与自卑之间摇摆，因此在人际关系中，她总会给人一种孤傲的感觉，好像什么人都瞧不上。

早年没有被很好地镜映

如果没有回应，你就不存在，每个人都有被镜映的需要。比如孩子需要被父母看见，学生需要被老师看见，员工需要被上司看见，这种反馈会让一个人感受到自己在做的事情是有意义的，自己是有价值的。

而妈妈的镜映是一个人存在的基础。婴儿来到这个世界上，通过妈妈的眼睛看见自己。妈妈的眼睛就像一面镜子，孩子通过这一工具的镜映获得存在感，同时开启了解这个新奇世界的大门。

科胡特说过，孩子是通过妈妈眼中的光芒感受自己是被爱的、被喜欢的，是受欢迎的，从而满足他的自恋心理。相反，如果妈妈的目光黯淡、呆滞、没有活力的，或者总是板着脸，用俗称的"扑克脸"来面对孩子，孩子就很难与妈妈进而与这个世界建立起连接。他就像一个被抛弃在心灵的荒漠中的人，无法体验到人与人之间的温暖。

当我们看到一个人总是显得很自大、旁若无人、对他人处处批判与贬低时，我们可以推断：他在早期成长中有很大概率没有得到很好的镜映，没有被真正地看见，所以他通过贬低别人证明自己的存在与价值，这成了他们掩饰内在脆弱的一种方式。

如何才能建立自信，走出贬低别人与自我贬低的泥潭

客观地认识你自己

我们先来看看，你是否有自恋的人格特质。下面有 9 个选项来自 DSM-IV 的诊断标准。^①

（1）对自身有种无所不能的感觉，总认为自己就是最优秀的。

（2）沉迷在无限的成功、权力、才华、荣誉与美丽的爱情幻想中。

---

① DSM-IV 诊断标准：目前最主流的精神疾病诊断标准。可以被用于检测抑郁症。

（3）相信自己是独一无二的，是特别的。

（4）对赞美成瘾，渴望持久的关注，听不进去不同的意见。对批评的反应经常是超出正常范围的暴怒。

（5）有特权者的感觉，认为"任何人都得围着我转"。

（6）缺乏同理心或者共情的能力。

（7）常常嫉妒他人并觉得他人嫉妒自己。

（8）表现出一种高傲自大的行为或态度，经常有浮夸的表现。

（9）喜欢指使他人为自己服务，或者无情地使用、利用他人。

只要符合上述描述现象中的 5 项，你则很大程度上是自恋型人格，甚至有可能有人格障碍。通常，这些人的人际关际不太顺利，比如在婚姻关系、亲子关系、职场人际关系中均表现得很难与人相处。

看到这样一份清单时，我们很容易对号入座或者把自己的某些行为往上套，然后给自己下个诊断或者贴上标签。但事实真的如此吗？我们需要他人的反馈，这样才能更加客观地了解自己。

由心理学家约瑟夫·鲁夫特（Joseph Luft）与哈里·英格汉（Harry Ingham）提出的"周哈里窗"模型就是一个帮助我们全面了解自己的工具。他根据我们自己知道与不知道，以及他人知道与不知道四部分将模型进行了分区，获得了四个象限。

第一象限，即自己知道、别人也知道的，我们展示给别人的那部分，比如姓名、学历、职业、兴趣爱好等，我们称之为公开区域。

第二象限，是自己知道而别人不知道的，也就是隐藏区域。我们长大后，会开始有自己的隐私，我们并不会将所有东西都暴露给别人，我们开始有了边界感，而边界以内是属于自己的领地，一旦被他人侵入，我们会感到极度不安全。我们可以仔细想想，哪些是自己不想被人知道的，暴露会给别人和自己带来什么影响等。在与他人相处时，我们也会发现，适度地暴露反而会拉近人与人之间的距离，彼此建立信任关系。

第三象限，是别人知道而自己不知道的，这就是心理盲区，即我们平常提到的"不自知，不自觉"。我们通过心理咨询或者自我探索可以扩大自己无意识的部分，从而更加了解自己。

第四象限，是自己不知道、别人也不知道的东西，这个部分属于未知区域。我们如何发现这些未知区域呢？这具有很大的偶然性，我们可能会因为生活中的某个事件触发以前的创伤体验，最终循着这条线索发现自己生命的真相。

搭建自信与高自尊的 5 块基石

建立自信需要 5 块基石：安全、自我、归属、能力和使命。安全感是建立自尊的最核心的要素。

在生命早期，我们是通过与母亲的互动来感知这个世界的。英国精神病学家约翰·鲍比（John Bowlby）首次提出了依恋理论，他的学生艾森沃斯（Ainsworth）发展了这一理论。艾森沃斯通过陌生情境实验，发现了婴儿身处陌生的环境时，对于母亲的离开会出现不同的反应，她根据这些不同的反应将被观察者分成了 3 类：安全依恋型、不安全依恋 – 回避型、不安全依恋 – 焦虑反抗型。

安全依恋型幼儿在母亲离开时会有明显的情绪反应，大声地哭闹，但很容易被安抚；而当母亲回来时，他会非常兴奋地迎接母亲的到来，扑向母亲的怀抱。不安全依恋－回避型幼儿在母亲离开时并不会表现得紧张或忧虑；当母亲回来时，也不会表现出兴奋，而是情绪淡漠。不安全依恋－焦虑反抗型孩子则在母亲离开时非常焦虑，不让母亲离开，情绪难以安抚；当母亲返回时，他们表现得非常矛盾，一方面渴望与母亲有亲密的接触，另一方面又表现出拒绝的样子。

为什么幼儿们会有如此不同的表现呢？这与我们前文提到的母亲的镜映有着紧密的联系。如果一个孩子被很好地镜映，他的需要大部分都得到了满足，那么他就会认为自己是可爱的、受欢迎的，这个世界是安全的，身边的人是值得被信任的。而那些从小被父母忽视甚至被虐待的孩子，可能会发展出一种冷漠回避的态度，对这个世界感到绝望，他感觉自己是卑微的、不值得被爱的，这个世界是冷酷的，没有人是值得信任的。

这些早期的依恋模式就形成了一个人对于自己的最初印象，安全依恋型的人会对自己有信心，愿意去冒险、去探索未知的世界，在与他人交往中也会很自信；不安全依恋型的人在与他人建立关系时非常困难，他们总是感到自己被贬低，或者自我感觉非常糟糕。

建立自尊的第二块基石是自我。"没有自我"其实意味着一个人没有形成核心的自我，他对自己不了解，他不清楚自己喜欢什么、真正想要的是什么、未来将去向何方，似乎处在一种"不开化"的混沌状态。这样的人，活着仅仅是活着，既没有目标感，也没有价值感，无法感受到生命的意义。

发现"自我"首先应从了解自我开始。我们可以通过自己的成长经历、重大生活事件中自己的反应模式、与他人互动的方式中拼凑出一个核心自我的样子。比如在晋升过程中，你总是把机会让给别人，不敢为自己争取，觉得自己不能胜任；在恋爱中，你总是认为自己不如对方，在关系中不断地讨好付出，有一种不配得感。通过这样的分析，我们知道自己为什么成了今天的自己，自己的为人处世模式是如何形成的，为什么会如此自卑。看清了自己的模式，也就有机会做出改变了。

建立自尊的第三块基石是归属，这与马斯洛提到的归属的需要类似。人是社会性动物，每个人总是渴望归属于某个群体，并期待被群体成员认可。通常，归属的需要包括 4 类：家族的归属、意识形态归属、同伴归属与亲密关系归属。在陈忠实的小说《白鹿原》中，白嘉轩因为儿子犯了错，将儿子从家族中驱逐出去，实际上就是剥夺了儿子的家族归属的需要。意识形态上的归属，即我们在寻求一种价值观上的认同，我们会因为有着共同的价值观而参与某些社会活动，并且感到自己是有价值的。同伴归属是我们希望加入某个小团体，可以获得某种共同的快乐或者在群体中获得某种支持的力量，以掩盖自己的懦弱与渺小。亲密关系归属，即我们渴望建立恋爱与婚姻关系，可以在身体上与情感上获得某种满足。恋爱与婚姻中的忠诚，让我们感受到自己是对方的唯一，这实际上也是满足了我们自恋的心理。

建立自尊的第四块基石是能力，即一个人的自我功能。我们需要具有与他人沟通的能力、创新的能力、共情的能力、学习的能力。或者按照弗洛伊德的说法，需要具备爱与工作的能力，这是实现自我理想与价值的基础。自恋的人会有一种无所不能的感觉，总是想法特别多，但是无法落实到行动上，实际上是能力不够的表现。

在行动之后，我们会获得反馈。如果这些反馈是正向的，我们的大脑就会形成一个奖赏回路，让我们感受到愉悦，从而让我们更有动力坚持下去。而这种微小的、持续的成功体验、经验的积累，会让人们更加确信自己具备某些能力，也会对自我更加认可，并且愿意接受更大的挑战。

最后一块建立自尊的基石是使命。这与马斯洛需求层次中的自我实现一致。一个人活着的意义是什么？我们想要的幸福是什么样的？是事业上的成功，还是家庭的和睦？

哈佛大学泰勒·本－沙哈尔（Tal Ben-Shahar）博士致力于个人和组织机构的优势开发、自信心，以及领袖力提升的研究，他在《幸福的方法》（*Happier*）一书中提出了幸福的公式：幸福＝快乐＋意义。而使命感可以帮助我们找到生命的意义，从中获得快乐。

寻找好的客体，点亮自己的人生

Meta 首席运营官谢丽尔·桑德伯格（Sheryl Sandberg）在《向前一步》（*Lean in for Graduates*）一书中提到，每个人都需要一个人生导师，他可以在生活上、工作上、人际关系上让自己得到快速的成长。假如我们在生命早期没有得到很好的镜映，仍然可以在成年后寻找这样一面镜子，获取温暖的力量。

曾经有一位女性咨询师厚厚，她一直很喜欢写作，但也只是自娱自乐，写些自己的小情绪、小感慨而已。在加入我的写作训练营之后，她有了强烈的想要写心理科普文章的愿望，我不经意地一句"你的能力离文字变现不远了"，突然激活了她的某个潜能，从此一发不可收拾。我尝试为她联系了某个公众号的编辑，得到的回应也是非常正向的，编辑给她留言，让她不要辜负自己的才华。结果，她一个月写出了 5 篇文章，并且其中 4 篇稿子都被采用了。

遇到一个好的客体，他的一句话，也许就点亮了你人生中从未被发现的一条路，让你发现原来你一直具有某种能力。这是否是人生的一大幸事呢？

1.9　理想化——用幻想弥补现实中的不足

在爱情中，理想化是非常常见的，"一见钟情""情人眼里出西施"，都是类似的心理防御，也就是赋予自己或者别人过分夸大了的美好品质，认为自己或别人是最好的，但事实并非如此。

理想化通常会通过三个步骤完成。首先，构建理想化的客体，比如我欣赏温文尔雅、学识渊博又特别谦逊的人，或者我喜欢长得又高又帅的人，等等。每个人内心都有一套评判他人的体系。其次，构建具体化，也就是指向具体的某个他人或者自己，比如某个暗恋的对象、伟大的人物或者偶像，等等。如果指向自己，就会与自恋或者夸大性的自体有关。最后，通过忽略、否认来防御理想化破灭的痛苦，不愿意接受现实。比如一个人在网恋中爱得死去活来，但看见真人与自己理想中的人不一样，就会立即撤回情感。

理想化的类别

在理想化的过程中，我们会构建一个与我们有关的客体，并产生移情。爱情中是最容易产生理想化的。

爱情中的理想化

"你变了""你原来不是这样的"这是伴侣间争吵经常会用到的语言。人们因为不了解而相爱，却会因为了解而分手。实际上，这里隐藏着3种心理过程。一是对于不了解的部分，我们自动化地把自己所建立的、喜欢或欣赏的人的标准脑补进去。二是只能看见对方好的地方，这也是我们说的"有时爱情是盲目的"。有人在失恋后会说，当初自己眼瞎，怎么会爱上了这么个"渣男"，等等。三是将对方的优点夸大。比如你眼中非常特别、非常优秀的人，而在现实中可能会非常普通。

为什么人们会感觉到恋爱对象前后仿佛判若两人呢？因为每段情感大多都会经历三个阶段：迷恋期、冲突期和整合期。

迷恋期即幻想期或理想化期。如果没有理想化，没有移情，我们就很难爱上一个人。比如她的微笑特别甜美，让人有些神魂颠倒；或者他说话的语气特别温柔，让人感到很温暖，总想靠近，等等。在迷恋期，我们会隐藏某些自己不能接纳的缺点，同时会修饰对方，很多时候这是自动的或者在潜意识中做出的行为。

爱上一个人就是想要重新体验与母亲在一起的那种融合的感觉。那种无条件的爱、那种无条件的积极关注，在迷恋期似乎真的可以感受到。比如情话中所说的"你是我的唯一"，在这个时间里，一个人会感到自己是如此重要，如此的与众不同，自己对于另一个人是有价值的。而现实中，即使是追求完美的母亲也无法做到永远在场，永远可以及时给予婴儿恰当的回应。对母亲的渴望越强烈，早年养育环境中母爱越匮乏，一个人在恋爱中的理想化的程度就越高。他会像一个贪婪的婴儿一样，对伴侣提出各种各样的要求，而在迷恋期，为了维系高浓度的关系或者仍停留在幻想里，一方也许会努力去满足另一方的要求。

心理学博士、国际知名人际关系和情感问题研究专家约翰·格雷（John Gray）在他的畅销书《男人来自火星，女人来自金星》（*Men Are from Mars，Women Are from Venus*）一书中提到，男性在追求伴侣时很像一个猎手，为了捕获芳心，他会配合女性的要求，一旦女性被征服，或者光环褪去，男性就不会再那么上心了。实际上，要配合满足一个婴儿的需要，无论男人还是女人，这些都只可能在迷恋期短暂发生，任何人都无法长久地坚持下去。

紧接着就会进入冲突期，很多伴侣都是在这个阶段分手的。理想化的人没有想象中那么好，原来他并不能无条件地满足自己的需要，失望之后就会产生很多抱怨，进而冲突不断。当两个人都足够成熟，愿意从幻象中走出来，并且决定共同面对两个人间的差异，接纳自己和伴侣的不完美时，才有机会进入整合期。

偶像的理想化

追星是将偶像理想化了。他们会将自己希望成为的样子，或者期待自己身上拥有的某种品质投射到偶像身上，或者幻想着有一天可以与偶像在一起。当然，偶像在很多方面是可以起到正向作用的，比如勤奋、肯吃苦、坚毅、善良品质都会引导粉丝们了解成功应具备的品质。

但是如果在偶像身上建立了自我，并且通过见证偶像的成功来寻找自我成功的感觉，人们就更愿意待在虚幻的世界中，而不愿意面对生活中的不堪与麻烦了。不过，有一部分明星是包装出来的，一旦人设崩塌，粉丝们同样也会经历理想化破灭的过程。

理想化的移情

无论在爱情中还是偶像崇拜，其本质都是一种理想化的移情。其中有一类特殊的移情关系——咨询师与来访者之间的关系。

弗洛伊德说过，如果移情没有发生，那么治疗就还没有真正开始；如果移情没有结束，那么治疗就不能结束。从本质上讲，来访者会将理想化的双亲的影像投射到咨询师身上，重新体验早年可能被忽略、被贬低、被指责、被虐待的感受，当这些感受在咨询中被活现出来后，咨询师会帮助来访者用语言去澄清这些感受，并且给予与早年父母不一样的方式去回应，让来访者获得一种矫正性的情感体验，治愈就发生了。

在这个过程中，咨询师既拥有理想化母亲的功能，比如满足一个婴儿对乳房的需要，温暖而抱持，又拥有父亲的功能，比如坚守咨询的设置，与来访者讨论规则，并且可以在某些部分像父亲一样起到引领的作用。

在这个过程中，咨询师会用自己的感受，也就是移情，与来访者对话。有时，咨询师可以敏锐地觉察到自己似乎在用与来访者的父母类似的方式对待他们，比如会对他的表现失望，会潜意识地忽略他们，会对他的需要本能地拒绝，就像去拒绝一个贪婪的婴儿，这种反移情被称为互补性的反移情。而当咨询师体验到被控制、不被尊重或者情感上被虐待时，这或许就是来访者自己的感受，此时咨询师的体验与来访者的体验会惊人一致，这种反移情被称为一致性的反移情。

有些边缘的来访者会用讨好、顺从、恭维的方式与咨询师建立关系，他会夸大咨询师的能力，期待咨询师有种神奇的魔力，可以帮助他摆脱麻烦，而一旦咨询师忽略他或者没有满足他的要求，他瞬间就会体验到理想化的幻灭，对咨询师展开猛烈的攻击，立即与咨询师翻脸或者拒绝再来咨询，让关系断裂。所以，咨询师有时需要对赞美保持一种警觉，对自己的自恋保持一种觉察。因为，过度的赞美可能是一种攻击，也会让咨询师产生愧疚感，从而对来访者过度补偿，有可能为了迎合或者满足自己的自恋心理而不得不去伪装自己，从而避免面对自己的局限性，无法与来访者建立真实、真诚的关系。

理想化有时就像一个玻璃球，是非常容易破碎的。我曾经在社区做过一些家庭教育的讲座，有家长通过讲座认识了我，并且跟我预约了咨询。在咨询过程中，从讲师的角色到咨询师角色的转换，会让他感受到某种理想化的破灭。

理想化的原因及影响

人们为什么需要理想化

美国精神分析协会、纽约弗洛伊德学会以及美国精神分析学院的认证精神分析学家杰瑞姆·布莱克曼（Jerome Blackman）教授在《心灵的面具：101 种防御机制》（101 *Defenses：How the Mind Shields Itself*）一书中，讲到人们会去理想化某个人，主要是出于以下 4 个方面的原因。

第一，自恋的投射，以此减轻自己的不完美而导致的羞耻感。我们理想化某个人，往往是将自己期待、渴望或者无法实现的愿望投射到他人身上，以弥补自身的不足。前面提到的追星，一路见证明星的成长、成功，就好像自己获得了成功一样，而自己在现实中可能学习、工作或者人际关系却一团糟。在追星的过程中，这个人就不必面对自身的困难，在虚幻的世界中就可以获得愉悦感。

第二，自恋，将此人与你过高的自我意象融合起来。实际上，理想化有两个指向，一个指向他人，一个指向自己，或者指向二者的关系，以满足自己的自恋心理。比如有个女孩对她的闺密说，自己找了一个高大、帅气的男友，实际上她的男友长相非常普通。她这么表达，实际上就涉及三个方面的理想化，她理想化了男友，同时也理想化了自己，认为只有高大、帅气的男生才配得上自己，同时也理想化了关系，这位高大、帅气的男生对自己一见钟情并且温柔体贴。

第三，爱，避免体验失望。理想化的爱可以让两个人迅速坠入爱河，而一个特别理性，认为人性本恶的人，可能很难信任一个人，也难以进入一段亲密关系。我们有时需要理想化的爱去支撑自己穿越黑暗，给自己时间与空间，让自己变得更有力量，在有能力承担时再开始面对真相。

有位女士从小被父亲抛弃，但她的母亲从未在她面前抱怨过父亲，每次当她问起父亲是个什么样的人时，母亲都会将自己理想化的丈夫以及父亲的形象呈现在孩子面前，这让她一直坚信自己有一个好父亲，并且自己曾经深深地被爱过。这份美好一直支撑到她上大学。大二时，消失多年的父亲联系了她，她才知道了真相。

虽然父亲的出现让她心目中的理想化的父亲不复存在，她也有些崩溃，并且因此责怪母亲欺骗她，但在经过一段时间的心理咨询后，她已可以坦然地面对真实的父亲，并且可以向父亲表达她的愤怒。早年被父亲抛弃的创伤被母亲很好地掩盖了，因此这个创伤在她的成长经历中并没有给她带来过多的负面影响。

第四，移情，就像小时候完美的父母。前文提到了咨访关系中的移情，其实在职场中的上司、学校的老师等人的身上都可以找到理想化了的完美父母的影子。

有位研究生曾经和我谈起他的导师，说导师学识渊博，并且平易近人。在跟随导师做课题时，无论是在学习上还是在生活上，导师都给予了他很多帮助，毕业时还帮助他推荐了工作机会，这让他非常感激。在他的心目中，导师就像自己理想中的父亲一样。

理想化对人们产生的影响

理想化可以为人们带来很多正向的积极的力量。

首先，理想化可以演变为一股向上牵引的力量，人们可以在此基础上为自己设立人生理想与人生目标，这不同于建立在海市蜃楼上的愿望，而是为了实现愿望而踏踏实实地去付诸行动。比如将自己不完美的部分投射到某个理想化的客体身上，而这恰恰就是我们可以提升的空间，甚至我们也可以通过向某个偶像学习，努力成为像他那样成功的人。

其次，有助于理想化自我的形成。我们在超我（即道德自我）形成的过程中，会以某个理想化的人物为榜样，比如要求自己做一个道德高尚的人、一个善良的人、一个对他人及社会有价值的人，这些都会帮助我们塑造一个理想化的自我。这也是为什么父母在孩子的教育上要做到知行合一，他们会身体力行地给孩子做出很好的示范，让孩子不仅知道为什么要这么做，而且知道成为理想中的自我应该怎么做。

再次，与自己理想型的人交朋友，靠近那些比自己优秀的人，也可以促使自己变得更优秀。比如自己不擅长社交，又很羡慕那些性格开朗、阳光、待人热情的人，可以尝试和这类与自己性格反差比较大的人交朋友，在他们的影响下，自己或许会改变。

最后，理想化可以为自己保留一个只属于自己的乌托邦，一个让灵魂得以休憩的场所。曾经有位来访者告诉我，当年他在受到校园霸凌时，校门口面馆的老板成了他的精神支柱，给了他很多的精神慰藉。

其实当年面馆老板并没有做什么，只是很热情地招呼他，跟他简单地聊过几句，没想到他至今都还能感受到那一份温暖。

理想化的心理机制是如何产生的

儿童精神分析研究的先驱梅兰妮·克莱茵认为，理想化是为了保护所爱对象免受破坏性冲动的一种心理防御。最初，小婴儿的眼中并没有母亲的形象，而是将母亲的乳房与母亲这个人画上等号。当小婴儿因为饥饿而哭闹时，假如母亲的乳房能够提供充足的奶水满足婴儿的需要，就是一个"好乳房"，当母亲的乳房不能满足婴儿的需要时，他就把妈妈当作一个"坏乳房"，此时婴儿会有一种被迫害的焦虑。

理想化的母亲永远是一个"好乳房"，可以防御自己被迫害的恐惧。同时，理想化还可以维持一种愿望，那就是我的客体可以无限地满足我，我有一个取之不尽用之不竭的"好乳房"。所以，理想化总是与分裂、投射相伴而行。

美国康奈尔大学医学院临床精神科教授奥托·肯伯格（Otto Kernberg）医生认为，边缘性人格结构的人会使用分裂来防御他们因为识别出另外一个人整合的"完整客体"特性以及重要客体的复杂性所产生的焦虑。无视一个人的"坏"的部分，将客体通过修饰、完美化或者理想化，可以避免那种既爱又恨的矛盾情感。比如，不允许自己所爱之人有任何瑕疵，一旦发现他身上有不好的东西，就会自动地去进行贬低，但这有将所爱客体摧毁的危险，为了避免这种焦虑的产生，他一定要在内心维护一个完美的形象，同时不容许任何人提出反对意见，去否认事实的真相。

理想化的对象主要来自早年重要的养育者，比如父母或者祖父母。对于一个弱小的婴儿来说，养育者就是他的天，越是有糟糕的父母，孩子内心越需要粉饰、理想化父母。唯有如此，他才有机会"存活"下来。有些孩子即使在成年后，仍然不愿意看见父母曾经对自己的忽视、言语虐待、贬低，因为面对这些创伤，可能会让他曾经建构的那一套价值体系完全坍塌。

同时，父母会有意无意地将自己的价值标准强加到孩子身上，无意识地去塑造孩子内心的理想自我的影像。比如，你应该努力奋斗、出人头地，这样才有价值；你应该多为别人着想、多付出，这样才能得到别人的认可；你应该听父母的话，这样才是孝顺；等等。甚至有的父母还会给孩子寻找一个榜样，最常见的就是"别人家的孩子"。当孩子长大后，发现这样理想化的自我让自己特别别扭，而当理想化的自我成了限定自我的枷锁时，内在冲突就产生了。因为否定这个被父母定义的理想化自我，意味着对父母的背叛，这是令人极其恐惧的。

过度理想化会给我们带来哪些影响

过度理想化，实质上是掩饰现实的脆弱与苍白，让自己始终活在幻想的世界里。理想化就像一剂麻醉药，让自己无法与现实接轨，也无法产生行动。

影视剧中那些海枯石烂的爱情总是那么令人向往，而剧中的套路总是类似"灰姑娘"在各方面都极其普通的女主角，却被富家公子爱上，虽然"灰姑娘"一再拒绝，但富家公子绝不放弃，最后历经磨难感动了女主角，有情人终成眷属。看剧"中毒"太深，普通女孩就开始做起了白日梦，在内心勾勒出自己理想化了的白马王子的形象，等着理想伴侣的降临。而这些不切实际的想法，却成了阻碍她们进入亲密关系的障碍。

另外，对父母或者他们关系的过度理想化也会影响子女的择偶观。比如，母亲非常漂亮、温柔贤淑，而比照母亲的标准去找伴侣，可能很可能令人失望，似乎没有哪个女人可以超越母亲。在步入婚姻的殿堂后，将理想化的父母与伴侣一再比较，就会滋生很多的不满。

曾经有位朋友对我说，她太羡慕自己父母的关系了，他们的婚姻如此完美，她说自己今生可能都无法找到一个能与他一起经营出像父母这样的婚姻的伴侣。事实上，她的父母一定也存在很多的差异，也有过冲突，她只看见了父母恩爱的一面，并不知道父母经历了怎样的磨合才走到今天。有时，不完美的父母才能促进理想化向现实的转换，才能促进一个人的心智成长。

其实，在婚姻中，人们遵循的是现实原则；在恋爱中，遵循的则是理想原则。要将这两项原则整合到婚姻中是非常不容易的，这也是理想化的爱情很难走进婚姻的原因。

所以，有时理想化他人，是为了攻击一个人做准备的。而理想化感情，是为了体验不被爱做准备的。如果理想化伴侣达不到这个理想化，辜负了你的期待与信任，那就是他的错，也就成了他被攻击的借口。在理想化了的感情中，一个人永远无法获得满足，也就很难体验到被爱。

当然，最严重的理想化破灭会产生无法承受的结果，甚至会让人有种万念俱灰的感觉。假如人们缺乏理想化丧失后哀悼的能力，就很难对人生重新燃起希望，从而引发抑郁情绪。

▶ 2　成熟的防御机制

TWO

我们在第一章谈到了很多比较原始、不成熟的防御机制，这一章将会探讨一些较为成熟的心理防御机制，即一个人若处在情感发育比较成熟的阶段，就可以用成人的方式去应对生活中的痛苦与困难。

在人的成长过程中，每个人的内在都有机会发展出 3 个自我：儿童自我、成人自我和父母自我。早年的创伤事件，会让我们固着在童年早期所形成的应对机制，而无法发展出成人自我。此时过去习得的那一套防御机制可能失效或者效果大打折扣，这就会导致一个人在关系上或者环境适应上出现问题。

成人式的防御可以很好地维持我们的自我功能，从而使我们更好地适应社会，满足自我发展的需要，并且可以为我们提供很好的保护功能。

2.1 情感隔离——冷漠是对炙热情感的防御

可以说，情感隔离是人人都会使用的防御方式。人们将不愉快的事实、想法或情感隔离在意识之外，以免引起自己的尴尬、焦虑或者痛苦。人们会无意识地隔离事实、想法或情感，或者会同时将三者一起隔离在意识之外。比如，他们会对真实发生在自己身上的事情视而不见（隔离事实），对过去痛苦的经历不愿提起、回避思考（隔离想法），或者叙述一件很悲伤的事情时感情麻木而淡漠（隔离感受），等等。

情感隔离的积极作用

情感隔离是某些职业的需要

曾经有位医生的父亲突发心脏病倒地不起，他的兄弟姐妹们都焦躁不安，只有这位医生非常冷静，指挥家人赶快拨打急救电话，并且他亲自实施救治。他的冷静为父亲争得了抢救的黄金时间，挽回了父亲的生命。

不过，事后他的家人却指责他太冷漠，在危机时刻，他居然那么"冷血"，看起来一点儿也不着急。殊不知，他使用的情感隔离正是医生这个职业所必须具备的特质。

想想如果一位外科医生，每次在开刀或者施行手术时，内心都恐惧不安或者对患者有非常多的情感投入，那么他拿手术刀的手可能就会颤抖。这其实是专业能力不够的一种表现。另外，医生每天都需要面对死亡，假如每一位经手患者的死亡都让医生非常悲伤，会对医生造成巨大的耗竭。情感隔离可以让医生保持他的专业性，这或许也是很多医生让患者感觉冷冰冰的原因。

从事律师、法官等职业的人，在某些时候也会使用情感隔离，这可以让他们保持理性判断。假如感性战胜了理性、冲动或者感情用事，他们会失去判断力，丧失客观与公正性。

心理咨询师这个职业很特殊，一方面我们需要很好的共情能力，可以做到"痛着你的痛，悲伤着你的悲伤"，另一方面我们又要避免情感卷入，防止自己被情绪带着跑，避免自己无法保持中立性。实际上，如果失去中立性，心理咨询活动就无法继续开展。所以，咨询师既需要感受情感，也需要情感隔离。

弗洛伊德提到，在治疗时需要悬浮注意①，其实就是让心理咨询师拥有第三只眼，有着抽离的能力。这样他就可以拥有一个观察自我的机会，去看看自己和来访者之间究竟发生了什么。同时在移情②与反移情时，心理咨询师可以从咨访关系中分析来访者的关系模式，而来访者的反应实际上是活化了他早年的关系模式。这也是对心理咨询师要求很高的原因：他既要与来访者同频，又要有所隔离。

曾经有人问我，心理咨询师每天接收了来访者大量的负面情绪，

———————————

① 悬浮注意：医生在为病人做分析和治疗时，不把自己的注意力专门集中在任何事情上，总是平静地、专注地、非评判性地倾听和观察所有材料。

② 移情：当下来访者将早年与重要客体间的关系模式移置到当下与心理咨询师的关系中。

长此以往，是不是心理咨询师自己也会生病呢？实际上，心理咨询师会灵活地使用情感隔离，以此避免自己被过度消耗。在我进行家庭治疗师受训时，有学员问过心理专家、家庭治疗师赵旭东老师，如果一个家庭在一次 90 分钟的咨询后，不按照咨询师布置的家庭作业去做，或者在下次约定的时间内没有出现，我们该怎么办？有意思的是，赵老师说："走出咨询室，我们就不用关心他们会怎么样了。"这实际上是一个边界的问题。在咨询室内，我们用我们的专业理论与临床实践经验对来访者进行咨询，跨出咨询室，我们可能会有所牵挂，但所有的担心、想法，我们需要保留到下次与来访者见面时再讨论，而不应将这些带入自己的生活。

可以这样说，在咨询室内，我们会共情，会投入百分之百的精力接待来访者；在咨询室外，我们会隔离来访者带来的情感体验，尽量避免这些情感体验干扰自己的日常生活。一个无法做好自我关照的咨询师，也很难保持充沛的精力和积极的态度来关照他的来访者。

情感隔离会让痛苦有缓冲的机会

多年前，我在电梯里遇到邻居家的一对母女，当时女儿搀扶着母亲，母亲皱着眉头，右手压着肚子，看起来很痛苦的样子。我关切地问她们，是不是不舒服，女儿抢着回答说刚刚去了医院做检查，身体确实出了问题。

在这之后很长的一段时间我都没有遇到这对母女。某天早上遇到女儿扔垃圾，我想起前段时间看到她母亲的样子，就顺嘴问了下："你妈妈怎么样了？"女儿平静地说："她走了。"当时我没有多想，顺着她的话接着问了句："去哪儿了？"女儿有些严肃地告诉我："她死了！"

我们的语言文化中，有很多比较忌讳或含蓄的字眼，其实也是一种回避或情感隔离，避免刺激人们敏感的神经、导致情绪崩溃。

情感隔离可以让自己暂时放下痛苦

我们遇到令自己痛苦的事情时，常常会主动去隔离这种感受。比如有位女性在咨询室中讲到自己小时候，父母经常会发生激烈的争吵，甚至会动刀，年幼的她吓得瑟瑟发抖。父亲发起火来两眼发红，特别吓人，一不小心她就会成为父母争吵的牺牲品。不知道从什么时候开始，当父亲的拳头打在她的身上时，她学会了咬紧牙关，不让委屈的眼泪掉下来。

当讲述着这些痛苦的往事时，她表现得很平静，并且淡淡地说，其实，这没有什么，都已经过去了。她实际上仍然在延用小时候发展出来的情感隔离的防御机制，让自己不要感受到痛苦。而此时在咨询室，她木讷的表情似乎也在表达，她还没有准备好，去面对那段来自于身体上、情感上被虐待的经历。

情感隔离与反向形成

如果我们将防御机制看作"防御痛苦的配方"，那么情感隔离有时与反向形成的心理防御机制配合使用，这样似乎"疗效"更好。也就是说，首先用隔离将负面的、不愿意接受或面对的事件或痛苦的情感，比如愤怒、悲伤以及焦虑等都隔离出去，有时我们会将某两件本应是相互关联的事件割裂开来，不让自己去了解真相，因为我们担心看见真相后，不好的事情的发生会引发自己的恐惧与焦虑。

比如有个女孩由于某种原因，被送给了他人养育。成年后，她一直非常努力地照顾两边的父母，而且经常会为自己无法平衡两边的父母而苦恼。她觉得自己比别人幸运，因为她有两对父母。事实上，当年亲生父母抛弃了她，成年后她孝顺父母的钱都被用到了弟弟身上。而在养父母家，她一直没有独立的房间，感觉自己是个外人，有种寄人篱下的感觉，与养父母很不亲近。她在人际中最为擅长的就是情感隔离，这也是没有人能走进她的内心，她也无法与他人保持亲密关系的原因。

那些被送出去的孩子内心总会有一种声音："为什么是我？那一定是因为我不够好！"所以她会为了证明自己的好，拼命地讨好别人。其实，她的内心也有很多的愤怒，但是她害怕表达愤怒后，别人会认为她变得不可爱了，所以她先隔离了愤怒、委屈的情感，然后通过反向形成——讨好的方式建立关系，即使用虚假自体①来与他人互动，自己却经常感到极其孤独，与他人没有建立真实的联结，活得乏味、无趣而麻木。

另外，在本应悲伤的时候反而狂笑，在被羞辱后反而还会替羞辱自己的人讲话，"不跟他计较，他就是这么样一个人"，实际上都是在掩饰自己内心的极度悲伤与愤怒，通过隔离，把这些大剂量的情感

---

① 虚假自体是指一个人总是戴着面具示人，不敢把自己真实的一面呈现出来，以适应社会与人际关系的需要。这种方式有时是有意识的，有时是无意识的。

"稀释"掉，以免自己陷入情绪的旋涡。

我们使用防御背后的逻辑是我们可以从这种方式中获得某些好处。情感隔离带来的好处也是显而易见的，它可以帮助我们继续当下的工作与生活，不至于被无法容忍的事件击垮或者被愤怒的情感淹没，从而破坏人际关系，或是一直处于悲伤抑郁的状态，无法开始工作。情感隔离给了我们一个缓冲的机会，可以让我们回归理性，逐渐接受现实。

在遭遇同样的创伤情境时，有的人可能会出现强烈的创伤后应激障碍①，导致精神崩溃；有的人则可以很好地使用情感隔离继续工作与生活。

多年前，有一起企业危机干预事件，起因是有位员工因为突发疾病猝死在宿舍里，周一上班时才被同事发现。当时，同时进入她的房间的有两位同事，她们都目睹了现场的惨状，其中一位呕吐不止，而后严重惊恐发作，而另一位同事却能够照常上班。这个能正常上班的同事，正是使用了情感隔离的防御方式。

情感隔离的负面影响

当然，情感隔离有时是因为没有找到更好的应对创伤的方式才不得已而为之，实际上，从某种程度上讲，它也会给我们的身心带来很

---

① 创伤后应激障碍：英文全称 Post-Traumatic Stress Disorder，简称 PTSD。症状严重时会失忆、闪回、失眠、惊恐发作。

多"副作用"。

长期的情感隔离会让我们变得情感淡漠，变得麻木而没有情感，即成为所谓的"冷血的人"。我们隔离了痛苦，但同时也隔离了快乐，没有了感受快乐的能力。一个没有情感的人就像一个没有灵魂的空壳，或者一具行走的机器，让人感到生命毫无意义。

在通常情况下，重度情感隔离的人会表现得对任何事情都不太在意，找不到自己喜欢的东西，丧失了爱与被爱的能力，他们从不开心到绝望，再到完全的麻木，每天如行尸走肉般地活着。那种隔离就像身上被罩着一个玻璃罩子，可以看到外面的世界，却感觉不到；就像一个人丧失了感觉功能，无法触摸、听到、看见、闻到、品尝到人生万象。

其实，这些被隔离的情感并没有消失，它只是被暂存在某个地方，当无法被容纳时，就会借着另一个出口转移出去。心理学上有个词为"踢猫效应"，就是将自己的情绪发泄到比自己弱小的对象身上，从而产生一系列连锁反应。比如父亲在工作中受了上司的气，他会在工作中隔离愤怒的情感，回到家后，把情绪发泄到孩子身上，而孩子无法反抗强大的父亲，只好又把愤怒发泄到家里的猫身上。

当然，还有一些人在长期的情感隔离后，完全没有意识到自己其实是有愤怒情感的，只是身体总是出现各种不适的状况，即被隔离的情感在被通过身体表达。

习惯采用情感隔离的人很难与他人建立深度的关系，他会把自己或他人当作工具，而且内心孤独又绝望。他永远只能远远地看着别人的生活，却很难参与其中。

我们如何改变

我们的潜意识很聪明，它会帮助你算笔账，计算怎么样才更划算。如果潜意识上升为意识，我们也可以尝试回答下面的问题，以此判断情感隔离是否是利大于弊：

- 我在什么样的情境下会使用情感隔离？
- 我使用情感隔离的频率有多高？
- 我是否可以与人建立情感联结？
- 我在情感隔离时完成了什么重大的事项？
- 情感隔离是否影响了我的人际关系？我是否很难让别人走进我的内心，也很难走进别人的内心？
- 我是否有一些莫名的躯体反应？这和压力与人际关系是否有关联？

假如情感隔离已经影响你的身心健康，那么你就需要做出一些调整。这时，你需要关注自己的内心，对自己的情绪和情感保持敏感的觉察力。比如当下我本应该感到悲伤，为什么我感受不到？悲伤让我感到脆弱，而脆弱是不完美的，它是无力与无能的表现，这让我再也不能像过去那样，像个斗士一样打拼，等等。

当我们开始接纳自己的脆弱时，就会发现自己变得更有力量了，也更真实了。维持一个完美的形象太累了，你完全没有必要耗费如此多的精力，当你发现腾出了可以让自己喘息的空间，你的感受力就会重新回来。

另外，当有情绪时，我们要学会表达自己的需要，而不是选择无视或者忽略。实际上，情绪的触发总是与我们的某种需要没有被满足相关联。当我们学会用语言去表达自己的需要时，即使需求没有完全得到满足（事实上也不可能无条件地被满足），我们也就有了表达的出口，尤其是表达情感的出口，这会让我们因为自己有了另一种处理情感的方式而感到欣慰。换个说法，就是你拥有了另一种应对的本领，这也会让你有更多的掌控感，对自己的能力产生某种自信。

随着情感的释放和身心的满足，我们会越来越能够灵活地运用情感隔离，形成一种自动化的模式，提高自己的适应性，达到身心的和谐与统一。

2.2 回避——焦虑型与回避型伴侣的追逃模式

很多年前，在一个比较重要的开幕式上，大会主持人一本正经地对着全场近千名观众大声地说"我宣布，这次会议闭幕"，台下观众哄堂大笑。主持人这才尴尬地意识到，自己错把"开幕"说成了"闭幕"。

后来得知，大会主持人的妻子最近刚生了孩子，因为筹办这次大会，他一直无暇顾及家人。他的潜意识想要早点结束这个会议，这样他就可以回去照顾妻子和孩子，口误只是无意识地暴露了他的真实想法。

对于这种口误或笔误，弗洛伊德在《刻意回避：日常生活的心理分析》（*The Psychopathology of Everyday Life*）一书中进行了非常详细的阐述。回避也是人类进化的产物，为了个体的安全，人们会在感受到威胁时，远离那些他们从经验中得到的、引发过焦虑或象征性冲突的情境。

在日常生活中，人们会害怕千奇百怪的东西。比如，有人因为怕黑，晚上开着灯睡觉，以此回避黑夜；有人因为怕坐飞机，会选择其他交通工具，回避待在密闭的空间里；有人因为害怕社交，回避一切与人交往的场合；还有的人害怕毛茸茸的事物，怕狗，甚至连狗的图片都无法容忍，等等。

回避背后的心理动力

回避的背后隐藏着丰富的、可以被自由联想的素材，并且这些素材与这个人的经历或经验有着直接关联。我们心理咨询师通常会在故事的线索中展开自由联想，从而明白患者们回避的究竟是什么。

我来简单地举例说明一下。一位女士害怕乘坐飞机，这是一个症状，我们深入地分析后发现，症状背后会隐含 5 个方面的内容：愿望、超我（良知）、现实、现实与愿望产生冲突引发的情绪反应以及由此做出的防御策略。

后来，这位女士谈到了她与丈夫的关系，他们已经有很长时间没有正常的夫妻生活，她有生理上的需要，却羞于向丈夫提出。而且丈夫经常因为生意上的应酬而晚回家或者在外过夜，这让她非常愤怒。

丈夫对她非常大方，只要她不高兴，丈夫就会送她一些奢侈品，她渴望与丈夫有美好的亲密关系，可以有更多相处时间，但现实中她几乎连与丈夫说话的机会都没有。

她想要逃离这种"守寡式"的婚姻，想要离开丈夫，这是她潜意识的愿望。她从小接受的教育是女人不要轻易离婚，况且丈夫似乎也没有在外面拈花惹草，能满足她物质上的需要，她的超我不允许她有这样的想法。在现实生活中，丈夫对她情感上的不关心让她非常痛苦，想要逃离的愿望又让她非常内疚、羞愧，这种情感上的冲突就会衍生出焦虑的情感体验。

实际上，坐飞机是一种象征化的表达，一方面她想坐飞机离开丈夫，另一方面她对离开丈夫的想法产生了内疚，所以她采用了一种折中的方式，使用了防御，用回避去机场、坐飞机来缓解自己的焦虑。

在这种情况下，假如只是在理性层面与她讨论飞机的安全度很高，是无法消除她的焦虑的。所有症状指向的都是关系，症状与她的关系之间有什么样的联系，症状会为关系带来什么好处，等等。因为恐飞，丈夫可能需要陪着她一起坐飞机，她的症状才会减轻，或者丈夫需要驾车送她到某个遥远的目的地，这样也会正好满足她的愿望。

回避与遗忘

通常，人们会选择地遗忘，而那些被遗忘的内容往往与不愉快的体验有关，遗忘可以让我们理所当然地回避那些令自己尴尬、痛苦、愤怒的体验。一些被遗忘的东西被人们想起来或被唤醒是有条件的。

某位女性前来进行心理咨询，她提及自己在上小学前一年的记忆完全消失了。后来她在分析过程中想起来，那一年她们搬了家，那也成了她从家境优渥到家境贫穷的转折点。父亲离开了原来熟悉的环境和行业，生意状况急转直下，开始酗酒，家里经常充斥着暴力，而她总是惊恐地躲在角落里。也就是在那一年，她开始有点自闭，不太说话，没有朋友，也很少出门。这段记忆对她来说是如此恐怖，又让她如此羞耻，所以她选择了遗忘。

在感受到安全与放松的环境中，她终于想起了这些事情。所以，正如弗洛伊德所说："通过一系列研究得出了一个普遍结论，在任何情况下，不愉快的事情是遗忘产生的动机基础。"

回避型人格

当我们谈论回避时，总是不自觉地联想到回避型人格。尤其是在恋爱关系中，遇到回避型人格的人，你会感觉到自己一直在被拒绝，他们就像一座冰山，很难完全融化。

回避型人格在亲密关系中通常有下面的表现：

- 他们会"无情"地使用伴侣，让伴侣为他服务，为他付出，而自己却非常吝啬，只会记得自己为对方做过什么，却完全无视伴侣对自己的付出。他会把伴侣工具化，需要时招之即来，不需要时挥之即去。一旦伴侣无法让他满意，他要么独自生气，要么会把愤怒发泄到伴侣的身上。

- 他们会非常自我，处处以自我为中心，无法与别人共情，也无法换位思考。换句话说，他常常处在一个封闭的系统中，永远只关心自己怎么想，而无法听进去或者理解别人是怎么想的、别人会有什么样的情绪体验。

- 他们通常会有三种回避的模式：第一种是彗星模式，一不高兴就玩消失；第二种是月亮模式，就是永远与他人保持一定的距离；第三种是逃家小兔模式，也就是一旦逃跑被抓回来，就会再逃跑，然后再被抓回来，循环往复。

- 他们不相信任何人，认为人与人之间的交往都具有功利性，不过是各取所需。他们永远是那个不愿意有任何投入的人，包括金钱与情感。除非他害怕孤独，想要获得陪伴，才会做一些短期的投资。

- 他不相信自己是值得被爱的，表面上他很自负，内在却极其自卑，比如虽然有很高的学历和较高的收入，但也会对自己的家庭条件不够优越、父母无法给自己提供更好的机会而耿耿于怀。他觉得就像当年父母喜欢他是因为他成绩好一样，别人说的爱他，并不是爱他这个人，而是他的钱、他身上的光环。

- 他会有完美主义倾向，非常在意别人对他的评价，也会很努力，只是为了证明自己的独一无二。

- 他是冷暴力的高手，不沟通、不回应，总是回避亲密关系中出现的问题，还经常美其名曰"我不想跟你吵"，这样做的目的是避免矛盾激化。

- 他会将自己伪装成很独立的样子，他认为任何人都不可靠，什么事都只能靠自己。但他的内心极度渴望有人能为他遮风挡雨。

假如你的伴侣符合上面的大多数表现，那么你很可能遇到了一个回避型人格的对象，这是不是让人有一种恨恨的感觉？会不会有种声音在质问你：我怎么这么倒霉，遇到了这么难对付的家伙？

实际上，《读懂恋人心》一书中呈现的回避型人格的内心独白却是这样的：

看到你伤心时，我会不知所措，我不知道该如何给你情感上的支持；对我来说，独立比情感更重要；当伴侣与我过度亲近时，我会感到不安；如果我的伴侣对我有些疏离，我反而会有种如释重负的感觉……

你会发现回避型人格的人正在面对一个多么令人恐怖的世界，他的内心是多么不安，他就像一只受惊的小兔子，认为周围充满了危险与威胁，他随时准备逃跑。他把自己放在了一个受害者的位置，在感受到别人对自己充满敌意的背后，实际上是自己在与整个世界为敌。你是不是觉得他有些可恶的同时，感到他可悲又可怜？

回避型人格是怎么形成的

在前面章节中我们提到了约翰·鲍比的依恋理论，在 20 世纪 80

年代，人格和社会心理学家阿藏（Hazan）和谢弗（Shaver）将依恋理论用于研究成人的亲密关系模式。他们根据一个人的焦虑程度和回避程度的强弱，将依恋人格分为 4 种类型：安全型、回避型、痴迷型、恐惧型（见图 2-1）。

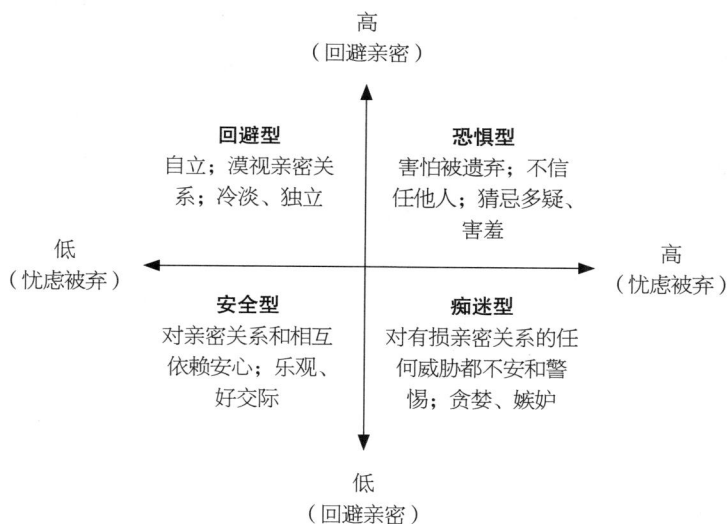

图 2-1　依恋人格的类型

简单来讲，如果一个人具有高回避＋低焦虑的特征，那么他就是回避型人格；如果一个人具有高焦虑＋低回避的特征，那么他就是痴迷型人格；这两种人相遇，就会上演"追逃模式"。具有回避型人格的人越是冷漠不回应，具有痴迷型人格的人就越焦虑，越要抓住不放，而具有回避型人格的人害怕关系升温，一旦感受到亲密就会躲得更快。

关于回避型人格的形成，我们不得不回溯到一个人早年的养育环境以及后期的成长历程中。

不被期待

假如婴儿的出生是不被期待的，他就会感到自己是不好的、不受欢迎的，也是不被喜欢的，在未来，他也就很难相信有人会真正爱他、他是值得被爱的。这种早年埋下的害怕被抛弃的感觉会让他拒绝亲密。他绝不允许自己对情感过度付出、过度投入，并且随时准备撤退。一旦感受到别人不喜欢自己、可能会离开自己时，他就会在被抛弃前先抛弃别人。所以，他们会表现出对关系的高度敏感，却又让人觉得他对情感没有需要，似乎是一种可有可无的东西。

被忽视、被拒绝、被否定

在陌生情境实验中，我们会发现具有回避型人格的儿童在母亲离开时既不紧张，也不焦虑，当母亲返回时，他们也不太理会，或者短暂地接近就又走开了，他与母亲的关系非常疏离，很难亲近起来。

我们不禁要问，他是怎么变成这样的呢？经过大量的观察，我们发现，在养育过程中，他的需要总是得不到回应或者他的需求总是被拒绝，他就会把投注到母亲身上的注意力收回，转向自己，形成了一个封闭的自我，并且逐渐发展出一层厚厚的壳来保护自己。在人际关系中，他们很难向别人开放自己，别人也很难走进他们的内心。

长期的忽视、多次被拒绝，会让他心生绝望。想象一下，如果自己最亲的人都无法满足自己的需要，他还能指望谁呢？

另外，孩子总是被父母否定，也会让他对自己的感受、感觉或者认知产生怀疑，他觉得自己是毫无价值的，甚至觉得自己的存在都是个错误。他在关系中感到自己不被需要，害怕被人发现自己的缺点或缺陷，在行为上就会本能地回避与他人交往。

被霸凌、被羞辱、被虐待等创伤经历

在成长过程中，假如遭受过虐待，有过被霸凌、被羞辱的经历，他们会感到自己被边缘化，内心会极度恐惧，为了让自己免受伤害，他们认为最好的方式就是摆出一副什么都无所谓、"我不需要"的姿态，让人不要靠近。

如何与具有回避型人格的人相处

前面我们提到回避型人格与痴迷型人格是天生的一对，这种追逃模式也会让两个人都痛苦不堪。当然，因为具有回避型人格的人经常会采用情感隔离的防御方式，所以大多数时候他不会体验到痛苦。与具有回避型人格的人相处，需要关注以下三个方面。

首先，需要极大的耐心。

具有回避型人格的人通常以男性居多，与这类人建立亲密关系是一件相当具有挑战的事情，需要我们付出极大的耐心。这个过程就像重新养育，将他内心曾经缺失的信任、爱与温暖都重新补回来，等待他慢慢成长为一个成熟的成年人，愿意面对并承担起自己的责任。

当了解了具有回避型人格的人为什么变成这样，以及他们与人互动的模式后，女性身上的母性会被激发，产生想要照顾人的冲动。不过，不要逼迫他们快速做出改变，想要打破他这么多年来形成的固有的生存模式，会激活他对受迫害的恐惧，让刚刚开始建立的信任动摇。

其次，给他个人的空间。

具有回避型人格的人是高度敏感与低需求的，他会把你的关心或者你对他的要求体验为被侵入，他不会主动提出自己的需求，所以经常会表现得非常矛盾，内心既渴望被爱又拒绝被爱。这让我想到了父母在养育青春期孩子时的一句箴言："他需要你时，你就在身边；他不需要你时，你远在天边。"这类似于给他创造一个安全基地，最终他总会因为内心对你的依恋而返航。这与"招之即来、挥之即去"的感受有所不同，因为这是你有意识的、主动而为的。

最后，倾听他内在的声音。

每个人在亲密关系中都渴望被看见、被懂得，合适的恋人更像优秀的治疗师，可以通过倾听他内在的声音，帮助他表达不能表达的情感，让他感觉到他在不断地被镜映，正在关系中得到滋养，从而使他发生改变。

一次次地经受住他无意识的关于是否被爱、是否忠诚的测试，并在关系中存活下来，改变才有可能发生。

假如意识到自己具有回避型人格，我们该如何自愈

这个问题其实是个伪命题，如果能意识到自己的问题，那么问题就不会那么严重了。通常，我们只有在伴侣难以忍受甚至提出分手时，因为害怕失去，才可能意识到自己已经对别人造成了伤害。也正因为

在乎，才会想着要改变。

当发现自己具有回避型人格时，不要回避，大方地承认，邀请伴侣帮助自己改变，让对方看见自己的努力，让对方给自己一些时间，多一点儿耐心，或许就可以在关系中自愈。当你不再回避问题，伴侣才会对你有信心。

另外，对自己要有更多的觉察。一旦发生争吵或者伴侣关系出现了问题，你可以把过去的自动化归因模式转化为理性思考，先看看自己哪里做得不够好，承认自己的错误，而不是回避或者指责、挑剔别人。

最后，当无论是你还是伴侣在感到无能为力时，都需要寻求专业的心理咨询帮助。你可以在咨访关系中学会建立可自愈的关系，并最终将之迁移到现实生活中的关系中。

如何治愈回避型人格

美国加利福尼亚州私人执业的临床心理学家大卫·J. 威廉（David J. Wallin）博士在《心理治疗中的依恋：从养育到治愈，从理论到实践》（*Attachment in Psychotherapy*）一书中提到了从隔离走向亲密的方法。其中提到了非常重要的两点：共情性调谐与面质。他指出，这二者所指向的重要目标，都是病人能对自己的情绪体验更加开放。在伴侣关系中，我们仍然可以学到某些技巧，学会与具有回避型人格的人相处。

共情性调谐

因为具有回避型人格的人拒绝沟通，我们更需要从他的肢体语言或非语言的信息中去寻找情感的线索，并且尝试用他的语言表达出来，与他的感受同调。这样做的好处是，一方面让他学会用语言去表达情感，并且给予他很好的示范；另一方面让他感受到被关注、被看见与被懂得。当我们帮助他表达出他内心的脆弱、恐惧与焦虑时，他就可以看见自己对于亲密依赖的恐惧。

面质

通常，咨询师会运用移情与反移情的方式与来访者对谈，咨询师说出自己的感受时，实际上是在通过咨询师和来访者关系中的体验面质，即此时此地，我感受到的是被控制、被贬低或者被拒绝，以此帮助具有回避型人格的人与自己的情感建立联结。

总结一下，回避的背后可能隐含着非常复杂的心理活动，并且会用口误、笔误或者某种象征性的行为或躯体症状来表达。另外，与具有回避型人格的人相处时，我们需要打起十二分的精神，不断地与他共情，就像养育孩子一样重新用爱与温暖养育他，这样才可能在关系中治愈他。

2.3 压抑——遏制内在的欲望以避免失望

心灵的禁区越多，人就越不自由。人的本能欲望会受到有形规条或无形规条的限制，而不得不被压抑到潜意识中。这种本能的欲望被弗洛伊德称为"生本能"，它是人类得以延续并且生生不息的强大力量，就像生命之河在奔腾不息地流淌。而压抑就像在生命的不同节点上筑坝，以阻止它泛滥成灾，使湍急的水流逐渐变得平稳起来。

　　我们会发现，一个婴儿来到这个世界，他可以肆无忌惮地大声哭闹，乃至"为所欲为"。那种原始的状态给我们展现了一种没有被压抑的状况。而在后天的社会化进程中，他必须按照各种规矩行事，这些行为规范在潜移默化中形成了条件反射或信号反应，最终变成了一种僵化的行为模式。

　　个体在受到挫折或者遭受惩罚后，会把意识不能接受的感受或想法排除在意识之外，从而缓解焦虑或者欲望受阻带来的痛苦，以实现一种缓释的功能。被压抑的内容并未真正消失，它会以各种伪装的或替代性的行为和方式表现出来，比如做梦、幻想、口误等。

　　而被压抑的部分既可以是感受，也可以是想法，或者二者皆有。例如，一个人特别害怕去人多的广场，一旦处于这种地方，他就会出现呼吸困难、手心出汗、肌肉紧绷等躯体反应。这种焦虑的感受会在人员密集的广场中被激发，但是触发这些感受的想法却被遗忘了，他并不清楚为什么他会产生这种恐惧感。换句话说，这种感受被保存了下来，但是想法却没有了。又如，一个人目睹了母亲遭遇车祸突然离世的情景，她在向交警描述整个事件发生的过程时表现得非常平静，她将想法保存了下来，而将悲伤、内疚等情感压抑了下去。

　　在分析情境中，这些感受或想法会通过自由联想重现，这就让我们有机会将那些阻碍生命活力的障碍清除，这个过程也是精神分析所说的修通。

压抑的机制是如何形成的

我们在前文中提到人的本能欲望是一种生的力量，按照弗洛伊德的快乐原则，人们满足自己的本能欲望是为了追求快乐，这种心理动力会贯穿生命的始终。我们会将这部分精神能量投注到欲望的客体身上，但在受挫后会将其撤回，撤回的过程也就是压抑的过程。

比如一个小伙子暗恋一个姑娘，日思夜想，伴随着幸福感与兴奋感，他开始积极筹备如何对姑娘发起"进攻"，这就是一个能量集聚的过程。然后，他开始付诸行动：主动邀约，接她下班，请吃饭、送礼物，最后向姑娘表白。他开始把自己的欲望投注到了渴望恋爱的对象身上。但是姑娘对他毫无感觉，直截了当地拒绝了他。这时，他就必须将投注到姑娘身上的情感撤回，虽然很伤心，不过受到"男儿有泪不轻弹"的社会规条的限制，他非常平静地离开了。当然，为了缓解焦虑，他可能会将这股由激素激发的能量转而投注到另一个人身上，这样痛苦就消失了。这也是为什么有人会说治愈失恋的最好方法是开启一段新的恋情。

当我们开始集聚投注的能量时，同样还会激发一股反投注的力量。前文提到小伙子想要向姑娘表白，他会担心被拒绝后自己很没面子，也会担心表白后关系断裂，他就再也没有机会与姑娘在一起了。这时，他就会克制自己的冲动，压抑自己的情感。这在青春期的男孩与女孩身上很常见，此时他们大多仅仅停留在暗恋阶段。

投注与反投注之间会保持一种动态平衡。当一个欲望升起并且寻求满足时，向外投注的能量大于压抑的力量，人们就会付诸行动；反之，压抑的防御就会发生作用，当然这个过程既可能是有意识的，也可能是无意识的。

另外，压抑实际上也是超我与本我发生冲突，自我进行协调后妥协的结果。比如小孩特别想吃糖，这是他的本能欲望，可是妈妈说吃多了糖会胖，而且会伤害牙齿，所以不允许他吃。因为被限制，他对糖的欲望反而更强烈。可是为了不让妈妈生气，他只能忍着。其实，自我此时就像一个精算师，他要看看怎么做才划算，假如妈妈生气的后果很严重，甚至有可能是以后他再也没有机会吃糖了，那么本我的欲望就被超我压制住。欲望长期得不到满足，小孩就会想办法满足，或许就会偷妈妈的钱自己买吃，这就是一种转移。这样，自我既满足了本我的需要，又绕过了超我的惩罚，又一次达到了妥协的目的。

压抑的形成是一种能量的投注与撤回交替作用的结果，也是超我与本我冲突妥协的结果。

正如自体心理学家海因茨·科胡特所言，假如父母能够以"没有敌意的坚决和不带诱惑的深情"去同理儿童的欲望，而不是过度放纵或者严厉禁止，儿童就会在个体自身、所爱的客体（重要养育人）与执法者（禁忌的制度）三者间获得平衡。

压抑的来源

那些对我们的生命施以影响的内容——压抑，究竟来源于什么地方呢？简单来讲，我把它归为了以下5类。

社会文化

精神分析诞生于极为压抑的维多利亚时代。

当时的贵族小姐需要遵从各种礼教，这压抑了她们的欲望，这些被压抑的部分就以躯体转换障碍的症状方式呈现出来。

当社会文化的总体要求与自己的愿望和追求相背离时，人们就会感到受束缚、受压制，从而无法为所欲为地满足自己的欲望，压抑就产生了。

工作环境

试想一下，你在这样一种环境中工作会是什么样的精神状态：有许多有形或者无形的规章制度，你不知道什么时候会触碰到制度的红线或者违规；你的上司非常情绪化，你不知道他什么时候会发脾气，你在汇报工作时总是胆战心惊；同事之间喜欢相互打小报告，你需要耗费大量的精力去处理员工之间的琐事；无论你如何努力，你的工作都很难被肯定、被认可，而那些会溜须拍马、不做实事的人却能得到重用。

长期处于这样的工作环境中，人们会感到窒息，出现心情沉闷、牢骚满腹、暮气沉沉的状态，对工作产生厌倦，也找不到工作的价值。只要一想到要去上班，就会感到头皮发麻，跨进办公室就有种度日如年的感觉。此时一个人处在一种被抑制的状态中，他对什么都提不起兴趣，会感到非常无力。

生活环境

如果一个人感到生存受到威胁，比如环境很不安全、生活来源没有保障，总是入不敷出，就会感到极度焦虑。其背后的驱动力与死亡焦虑有关。根据马斯洛的需求层次理论扩展，假如一个人最底层的生理需要或者安全需要没有得到满足，那么对于关系、自尊、自我实现等的需要就被压抑了。人本主义心理学家卡尔·罗杰斯（Carl Rogers）认为，每个人都有自我实现的需要，都希望成为他自己，这似乎也更验证了我的假设。

假如一个人为了生存整天加班，没有了闲暇时光，活得像一部机器，压抑了自己的情感需要，他就会变得越来越麻木，生命没有得到滋养，就会产生无价值感，内在极为空洞。

养育环境

在早年的养育过程中，如果有一对严苛、控制欲强的父母，而且这些严厉的规则被全盘吸收内化，就会形成一个极度限制性的自我。

法国电影《钢琴教师》中女主人公艾瑞卡，有一个控制欲极强甚至有些变态的母亲，这塑造了她扭曲的人生。艾瑞卡 40 岁仍然单身，她刻板、专横、一意孤行，不允许生活有所变化。似乎她的内心对于失控有着极大的恐惧，正如母亲对她的控制一样。母亲监视着她的所有活动与行为，不允许她交朋友，甚至插手她教的学生，这让艾瑞卡形成了极为扭曲的人格。

越自由才会越自律，在有边界的爱的保护下，给予孩子自由，孩子才会有自律的行为；而越控制则会越反叛，会让孩子不顾一切地去破坏规则。

家族内部的隐性规则

家庭中的秘密越多，或者家庭成员间的关系越紧张，家庭成员间的情感就越难以流动，人处于这样的家庭环境中就会感到越窒息。家族中无法被言说的秘密，会被压抑到家族成员的集体潜意识中，他们只是知道某个东西不能说，不能提及，却没有人敢问究竟是为什么，当年究竟发生了什么。

电影《寻梦环游记》中，小男孩米格一心想成为音乐家，而音乐却是这个家族的禁忌，不能被提起，成了家族无法言说的秘密。原来这个家族中的音乐天才埃克多，为了追求自己的梦想而离家，最终因为作品被人剽窃引发纷争而死于非命。音乐在这个家庭中就像一个诅咒，总是和不祥相联系。埃克多的妻子无法原谅他，也无法接受他已离世、永远都不会再回来的事实，斩断了与他的所有联系，并且要求后代不许再提起这个人，就当他从未存在过。音乐成了代表他的象征，成了家族的禁地。

从家庭动力系统来看，如果秘密不能被言说，它就会一直以一种隐性的力量传承下去。家族中的每一个人都会受其影响，而且受影响最大的往往是家庭中能量最弱的人，也往往是出现病症的那个人。实际上，这个生病的人只是代表整个家族生病的——并不是他有病了，而是整个家庭系统出现了问题。

压抑给身心造成的影响

作为一种较为成熟的心理防御机制，压抑具有非常积极的意义。

首先，压抑可以让我们延迟欲望的满足，暂时放下自己的需要，以便有机会获得更大的回报或者更高的价值。

在著名的"棉花糖实验"中，那个忍耐时间最长的小女孩苏珊·沃西基，在40年后，成了YouTube的CEO，被称为"谷歌之母"，她在2019年评出的全球科技业领导者位列第八。她拥有超强的自控力，从某种程度上来说，这种自律也是对自己欲望的压抑。

其次，压抑可以避免冲动行为。在某些情境下，当一个人压抑了自己的不满与愤怒，会避免人际关系紧张，从而在关系中存活下去，并最终从人际关系中获利。

我有一个来访者，她不仅对自己也对别人有着完美主义倾向，对自己严苛，对别人挑剔。在咨询一段时间后，她可以用更客观的视角看待他人的优点和缺点，而不是总盯着他人的缺点。当她看到令自己不满意的地方时，她会压抑自己的不满，尝试去理解和接纳别人，这让她在职场中维系了一段还不错的关系。最近她入职了一家大公司，而这个工作机会就是原来的同事推荐的，她说特别感谢自己当初没有那么冲动地指出她的不足，没有破坏她们的关系。

最后，压抑也是一种生存方式，它可以让我们在关系中或者竞争中存活下来，让自己有机会东山再起。有时，我们可能需要尝试忘记自己的不幸与痛苦，或者压抑自己的愤怒与羞耻感，这样才能轻装上阵，迎接新的挑战。在有了新的、成功的经验之后，自我功能得到了提升，也就会获得更多的掌控感，反而会让紧张、焦虑的感觉降低。

当然，长期的压抑也会给我们带来许多消极的影响。

首先，它有着毁灭性与破坏性。压抑有时就像保存在火药筒里的炸药，当压力越来越大时，它就有随时爆炸的危险。这种爆炸的威力要么毁灭自己，要么毁灭他人。比如抑郁症病人会把愤怒指向自身，在极度的自我否定、极端的压抑的状态下会产生自伤行为，而当愤怒指向他人时，则可能引发冲动行为，对他人造成情感或者身体上的伤害。

其次，被压抑的痛苦体验或冲突并未真正消失，只是由意识领域转入了潜意识领域，并且常常以伪装的方式表现出来，或者通过躯体化症状呈现。

最后，情感被压抑而无法表达，还会严重破坏关系。比如丈夫因为无法从妻子身上获得被关爱的满足，但又说不出口，其外在表现就是总会没有事找事，或者对妻子发无名火。压抑太久后，丈夫可能会到外面拈花惹草。当然，他也会对自己的行为感到羞耻与内疚，在面对妻子时心虚，结果激化了夫妻之间的矛盾。

一切压抑的东西本质上都在寻求表达，我们要寻找的是一种更高级、更智慧的表达方式。

如何处理被过度压抑的情感

允许自己，放过自己，接纳自己的不完美。

我们可以尝试给超我松松绑，可以允许自己有一些不完美，甚至主动尝试去做点儿"小坏事"，比如搞一点儿恶作剧，试着改变一下形象，偶尔幽默地调侃，等等。实际上，更多的接纳与允许就像在不断地突破禁区、扩展自己的疆域，这会让自己的意识范围扩大。

在系统上进行改变：转换环境，转换视角，转换关系

上面提到的任何一种改变，都会带来系统的改变。这就像蝴蝶效应，自己一个微小的改变，都可能会带来一系列的连锁反应。

有位二宝妈妈，因为没有工作，害怕被老公抛弃，陷入了极度焦虑抑郁中。婆婆过来帮忙，她又发现自己与婆婆在育儿理念上有很多的冲突，二人为此争吵不断。她会在夜深人静时把自己内心的苦闷写出来，发在自媒体上，没想到却引发了读者的共鸣。很多人给她留言，支持她、鼓励她，竟激发了她的创作欲望。

做自媒体后，只要有空闲的时间，她就读书，利用孩子早上没醒、中午午睡、晚上已经入睡的时间写作，慢慢地开始有了稿费，也结交了一些爱读书的朋友。她发现自己看待问题的视角变了，与丈夫和婆婆的关系也变了，整个家庭的氛围也变得轻松起来。也许你也只需要轻轻地扇动一下翅膀，改变就会发生。就像女性作家维吉尼亚·伍尔芙（Adeline Viginia Woolf）所说的，一个女人要有一个属于自己的房间，这就是你内在的自我空间，有了一个可以自我关照的环境，你就可能转换视角，转换关系。

我们也可以把被压抑的欲望转化为创造力。压抑的情感可以通过文学创作得以抒发。

画家凡高在追求爱情的道路上屡屡受挫，他将自己的情感压抑下

来，通过疯狂地画画来抒发内心的渴望。在他死后，留下了价值连城的画作。虽然他生前穷困潦倒，却为人类留下了宝贵的精神遗产，而他创作的作品，是对过去绘画技艺的一种颠覆性的创新。

2.4　认同——为了融入某个群体，或者希望被认可而认同他者

当两个陌生人想要建立关系，他们最常问的是"你是哪里人"。如果在异地遇到了老乡，就会有种认同感以及归属感，两个人会立即亲近起来。通过认同，他们发现了同类，比如同乡、同学、同好、同事、同龄人、同伴，所有这些与"同"字有关的人群都与认同有关。

认同背后是为了满足归属感，无论是认同别人，还是被别人认同，都是在为融入群体、与人建立联结感做准备。通常我们会认同那些比我们更强大、更有权威的人，这样即使是活在他们的阴影里，也会有种安全感，可以避免自己不够成功或者不够有力量带来的恐惧与焦虑。

对特定对象的认同

认同会有很多不同的指向，包括对攻击者的认同、对受害者的认同、对理想化客体的认同、对偶像的认同、对父母以及他们的潜意识的认同，等等。接下来，我们来看看这些认同的背后的心理机制。

对攻击者的认同

在不愉快的或创伤性情境中，认同攻击者是一个人对恐惧及无能

感的一种防御。

认同攻击者最为典型的现象就是"斯德哥尔摩综合征"。在1973年的瑞典斯德哥尔摩市，发生了一起银行抢劫案，两名罪犯劫持了四名银行职员。罪犯最终落网，但令人匪夷所思的是，这四名银行职员不仅拒绝对他们进行指控，还四处筹措资金为罪犯辩护，其中一名曾被绑架的女职员竟然还爱上罪犯，并在他服刑期间与他订了婚。

在遭遇极端恐怖或者创伤性事件之后，为了让自己存活下来，人们可能会选择认同对自己造成伤害的人，即使重新回到安全的环境中，可能仍然对曾经的施暴者产生依赖与依恋。

曾经被暴力对待过的人，可能也会用同样暴力的方式去对待他人。观察那些有反社会人格的人，我们会发现，他们成长的环境大多充满了暴力，他们有过被虐待的经历，或者被不公平地对待过。在被欺凌后，他们会选择报复他人甚至报复社会，以一种无所不能的操控感来防御对这个世界的不安与恐惧。

对受害者的认同

对受害者的认同是一个人通过允许自己被伤害或者使自己受到伤害，来让自己表现得像那位受害者一样。他们这样做，是为了满足一种救赎的愿望，或是为了尽力摆脱自己内心的愤怒和负罪感。

来访者小宇的父母是在她上小学一年级时离婚的，母亲为了她一直也没有再婚。当年父亲出轨，心高气傲的母亲一气之下与父亲离了婚，不过遭遇背叛的伤痛却一直无法平复。母亲经常会在小宇的面前数落父亲的无情无义，高攀自己本应该对自己感激涕零，没想到居然还在外面喜欢上一个"小狐狸精"。母亲把自己摆在了一个受害者的位置，觉得自己的人生都因为嫁给父亲而毁了。

小宇从小特别乖巧懂事，她不仅承接了母亲所有的委屈与怨恨，还要忍受母亲对她的指责谩骂。母亲始终没能从父亲出轨的阴影中走出来，对年轻貌美的女孩充满了敌意，甚至对亭亭玉立的女儿也不例外。小宇裙子穿短了，或者只是看了某个异性一眼，都会被母亲指责为"又想勾引男人"。

母亲是婚姻中的受害者，曾经遭遇了背叛、抛弃，而小宇也同样认同了自己受害者的身份。在人际交往中，她特别敏感，总感觉自己不够好，被别人看不起，担心被歧视，又特别期待别人的认可，甚至对被认可上瘾。

小宇在情绪上也同样无意识地认同了母亲。从小到大，她从来没有开心地大笑过，她不知道高兴是什么，即使得到了她期盼已久的东西，好像也都开心不起来。母亲不开心、不幸福，她怎么能高兴呢？快乐的感觉会让她产生深深的自责与愧疚感。

其实，小宇的母亲牢牢地把自己和孩子捆绑在了一起。母亲对小宇的影响也同时在不断地强化她对母亲的认同，这让小宇更加无力与母亲在心理上完成分离。这种共生关系仍然在延续，让小宇无法真正地活出自己的人生。

对父母潜意识的认同

对父母的潜意识的认同，就是满足父母潜意识中的愿望，这实际上是孩子无意识地替代父母完成了他们渴望却又被禁止的欲望。

举个例子，父母从小被严加管束，对他们自己的父母言听计从。这从表面上看，孩子总是不听话，不断突破父母给他们订立的规则，一次次地挑战父母的底线，令人非常头疼。而实际上，孩子可能只不过做了父母从来不敢想、不敢做的事情而已，那就是挑战权威、挑战规则。

还有这样一种情形，父母会说："你要是不听我的，迟早会栽跟头。"而孩子就偏不信邪，非要与父母对着干，结果孩子真的遭遇了失败，这正好验证了父母的预言。这是否也是在满足父母潜意识的愿望呢？也就是，孩子用自己的错误去满足了父母的自恋，以此证明父母总是无比正确的。

基于这样的分析，作为父母，在教育孩子时，我想最重要的可能不是阻止孩子用他自己的方式去尝试，而是与孩子展开深入地探讨，允许孩子做出选择并愿意承担选择带来的后果。

对丧失的客体的认同

对于离去的亲人，我们有很多哀悼的方式，而有一种记住他们的方式，就是认同逝者，按照他期待的那样去做。比如老父亲在临终前拉着女儿的手说出自己的希望或者把女儿托付给女婿，并在自己临终前做出承诺，这样父亲才能放心地离去，等等。

当然，还有一种认同的方式，其本质是不愿意承认亲人已经离去的事实。有位女士在丈夫离去后，每天吃饭时还是会给丈夫盛一碗，而且一直将丈夫生前使用的东西堆放在家里，十年都不处理，一直保持他生前的样子，这样就好像丈夫从未离开过。

有时，自虐的方式、不允许自己幸福，也是对丧失的客体的认同。在电影《唐山大地震》中有个令人揪心的场景，在坍塌的房屋下面压着姐姐和弟弟两个孩子，在危急关头，救援人员只能救出其中的一个。当妈妈面临这样的生死选择时，她最终选择救出弟弟。弟弟作为幸存者，背负了强大的负罪感，他不能让自己快乐，不允许自己幸福，就是为了认同他以为已经死去的姐姐。

对丧失的客体的认同还会发生在"替代儿童"身上。如果因为意外或者疾病，父母失去了第一个孩子，那么第二个孩子的出生就是为了替代前面那个夭折的孩子。有的父母会给他起同样的名字，甚至还给他穿上哥哥留下来的衣服，让后出生的孩子被动地去认同死去的哥哥，这让他不知道自己到底是谁，也无法找到真正的自我。

对丧失的客体的认同，实际上是在对丧失的客体保持着一种联结，这样就不会感到悲痛。但是因为哀悼没有完成，他们只能通过这种有些自虐甚至病态的方式来让丧失的客体"活着"。

对理想化客体的认同

对理想化客体的认同，通常具有更为正向的意义。理想化客体可以成为我们成长路上的引领者，在行动上模仿他们，也会让我们努力成为像他们那样的人。

为新加坡赢得历史上第一枚奥运金牌的斯库林在里约奥运会上成功击败了自己的偶像——美国前奥运冠军迈克尔·菲尔普斯。在此的 8 年前，年仅 13 岁的斯库林终于如愿以偿地在新加坡见到了备战北京奥运会的"飞鱼"菲尔普斯，并且与他合影，留下了珍贵的照片。

在获得冠军后，接受记者采访时，斯库林激动地说："我无法形容现在的感受，我只感到我的肾上腺素在飙升。这是一个梦想实现的时刻。"其实，出生于体育世家的斯库林，在成长的过程中一直有着理想化的客体——他的舅公。舅公曾经代表新加坡参加奥运比赛。在6岁那年，他就萌发了要像舅公那样参加奥运会的想法。在参与专业训练后，当时的美国游泳名将菲尔普斯又顺理成章地成了他的偶像。他努力地成为像他们那样的人，结果终于如愿参加了奥运会，而且拿到了世界冠军，梦想成真。

除了前面我们提到的认同某些特定的客体，认同还涉及文化、群体、心理、生理等诸多方面，这里就不一一赘述。

2.5 合理化、理智化——用过度分析与过度解释来回避情感

合理化几乎是每个人都会使用的防御方式，也是我们在成长过程中发展出来的一种适应生活的方式。我们通过"制造合理的理由"来为自己开脱，避免自己受到责罚；或者在无法达到某个目标时给自己寻找借口，避免体验无能、无力、焦虑、羞愧的感受；或者为了维护关系，害怕伤害别人而尝试站在对方的角度去理解他，以放过对方，从而放过自己，避免对他人表达愤怒；或者为自己寻找无力改变某些事实的理由，努力让自己接受现实；等等。

合理化有其消极的一面，体现在回避、否认、压抑自己的情感方

面；也有积极的一面，体现在尝试理解（换位思考）、建立联结、促成沟通等方面。

消极的合理化

消极的合理化通常会呈现以下 4 种心理。

得不到的就是不好的

这也被称为酸葡萄心理。内心渴望得到，可是又无法得到，所以会压抑失望、沮丧的情绪，用合理的理由让自己放弃对这种需要的渴望。

比如小时候你很想拥有一条白纱裙，但是家里经济条件不好，就算跟父母说他们也不会给自己买。可是，当好朋友穿了一条这样的裙子时，你却不断贬低她，说裙子质量不行，款式老土，或者好朋友皮肤黑，穿上这条裙子一点儿也不好看，等等。

这种合理化背后还有嫉妒的成分，就是需要不断地打压、贬低对方，以此获得某种心理平衡。假如一个人可以欣赏别人比自己好的部分，并且努力成为自己羡慕的样子，那么这种转化就会促进一个人的成长。

得到的、拥有的就是最好的

很多心灵鸡汤都采用这种套路，比如"相见不如怀念""就算跑了最后一名又怎样，至少我有运动精神""感谢苦难，让我得到了历练"等。在某些情况下，我们的确会从缺失中获得一种精神力量，让自己不至于执着在自己没有得到的东西上，避免陷于无望之中。

　　小勇的父亲脾气暴躁，他小时候少不了被父亲打骂。有时是因为他做错了事情，有时仅仅是因为父亲不顺心，想找个人发泄一下。小勇对父亲有很多怨恨，认为父亲从来没有给过自己支持，那个家从未给过自己温暖，他无法原谅父亲对他造成的伤害。

　　这时，有人会劝他说："父母能把你养大就很不错了，他们没有什么对不起你的。那个时代，父母不都是这样教育子女的吗？他们又不像现在的父母那样，可以学习如何教育孩子。他们从小就被这样对待，现在不也好好的吗？他们还对父母很尊敬。"

　　这个试图说服小勇的人，就是在合理化小勇父亲打骂他的行为，有点儿像和稀泥。实际上，他并没有体会到小勇被父亲打骂时的痛苦。劝说的人用孝道来合理化父母的行为，认为父母这么做是有道理的，孩子不应该怨恨父母；即便父母做了对不起孩子的事情也无须道歉，孩子必须原谅父母，并努力与父母和解。

　　这种做法忽略了一个人的真实感受，认为他不应该有这样的感受。其弊端是，人就会断开与感受的联结，久而久之，就会变得情感疏离、非常冷漠。

　　把着眼点放在当下拥有的东西上面，从积极心理学的角度来看，的确可以帮助人们获得幸福感，只不过，这同时要求人们放弃或压抑自己的渴望，让人们更加安于现状。无论对个体还是对社会，这大概都不利于创新与进步吧。

都是别人的错

　　这是一种外归因的模式，就是认为不成功或者所有的错都是外在的客观原因造成的，跟自己主观上的行为没有关系。

比如一个孩子迟到了，他会辩解说"闹钟坏了""妈妈叫他叫晚了""路上堵车""老师布置的作业太多了，以至于睡晚了"等，他很少会从自身找原因。当我们把责任都推给别人、推给不可控的因素时，我们就可以为自己开脱，但这样做对改善行为或改变结果毫无帮助。只有向内探索原因、找到对策，才能获得掌控感。

在职场中我们也会发现有这样的人：一旦遇到问题，绝不往自己身上揽，把自己的责任推得一干二净。比如项目未按期完成，他们认为要么是客户的问题，要么是其他人员不够配合，要么是公司投入的资源不够，要么是给的时间不够，他们给出一堆看似合理的理由，就是不提自己有哪些需要改进和提高的地方。

替他人找借口以维持关系

有时，合理化别人的行为，可以避免产生被迫害、被抛弃的感觉。因此，有些人不愿放弃幻想或者害怕失去对方时，会选择合理化对方的行为，以维持表面和谐的关系。他们总是委屈自己，有什么问题都只会从自身找原因，努力为别人开脱，有时这会成为其行为模式。

有位女性无意中在丈夫的手机上发现了一些暧昧的聊天记录，她有些愤怒。但她尝试说服自己：很多男人都好色，等他在外面折腾不动了，自然就会回归家庭。这样，她让自己平静了下来。丈夫经常很晚回家，或者以出差、应酬为由不回家过夜，种种蛛丝马迹都指向一种可能——丈夫出轨了。但她还是接受了丈夫不回家的理由，认为他为了这个家在非常辛苦地工作。

实际上，她是害怕正视她与丈夫之间出现的问题，害怕正视丈夫的心早已不在她身上的事实。当真相浮出水面时，她无法承受可能被抛弃的恐惧，所以，她通过合理化丈夫的行为为丈夫辩解，以缓解焦虑。只要她不为此争吵，二人就还可以对外维持恩爱夫妻的形象。

从上面四种方式来看，有时我们会合理化自己的行为，有时会合理化别人的行为，以此来缓解自己愤怒与焦虑的情绪。其实，如果合理化被使用得好，确实可以发挥非常积极的作用。

如何有效地使用合理化

改变认知

被称为理性情绪疗法之父的阿尔伯特·艾利斯（Albert Ellis）总结了一套控制情绪的方法，其理论基础就是 ABC 理论，这个理论就很好地使用了合理化。

我们先通过一个例子简单讲讲 ABC 理论到底指什么。

妻子的生日快到了，她非常希望丈夫陪她度过一个浪漫的生日。可生日那天，丈夫居然还在加班，把这个重要的日子忘得一干二净。妻子既伤心又愤怒，她觉得丈夫一点儿也不在乎自己，根本不爱她。

A 就是诱发事件或者困难情境，即 Activating Event 的首字母。在这个例子里，A 就是丈夫忘记了妻子的生日，没有陪她。C 是情绪或行为结果，是 Consequence 的首字母，事例中就是妻子对丈夫非常愤怒。

我们通常认为，事件 A 导致了结果 C。但理性情绪行为疗法认为，虽然 A 这个诱发事件直接导致了情绪结果——愤怒，但这并不是产生愤怒的真正原因。事实上，在 A 和 C 之间还存在一个 B，也就是我们的信念（Belief）。这个信念决定了我们的反应方式。

在上面的例子里，妻子的信念是"我的生日丈夫就'应该'记得，他必须在这一天推掉所有的工作来陪我，否则，他就是不爱我"。这才是让她生气的根本原因。

实际上，事件 A 可以导致不同的情绪与行为反应，妻子可能会对丈夫有些失望，也可能会有些自怜，觉得自己是不是不值得被爱，甚至有些恐慌，害怕被抛弃。我们可以将这些不同的情绪反应分成健康的负面情绪，比如失望、遗憾、挫败感，以及不健康的负面情绪，比如抑郁、愤怒、恐惧、无法承受挫折等。

健康的负面情绪能够帮助我们克服困难，实现目标，免受不必要的痛苦；而不健康的负面情绪会阻碍我们。运用 ABC 理论，我们可以将不健康的负面情绪转化成健康的负面情绪，转化的关键就在于将非理性的信念转化成理性的信念。信念的转变其实就是通过合理化进行认知的改变。

非理性信念其实就是一些"强迫性"的信念，这些强迫性的非理性信念可以被分为以下四种。

第一，把事情想得过于糟糕、放大结果，甚至上纲上线。"丈夫不陪我过生日，就是对我不好，就是不爱我了。"

第二，无法忍受。"你这么不在乎我，我受不了了，我要跟你离婚。"

第三，激烈地指责对方。"你不应该、不可以这样对我！"

第四，诅咒和发泄。"你连我的生日都会忘记，你心里只有自己，你应该受到惩罚。"

如何通过合理化改变非理性的信念呢？我们还是用上面这个例子来说明。

丈夫这次没有记起妻子的生日，那么他之前是否记得？他还用心地为妻子做了些什么？想起二人曾经一起度过的温馨时刻，其实丈夫也没有那么糟糕吧？妻子可否提前跟丈夫暗示一下，或者直接提出自己的需要，让丈夫有心理准备或者提前留出时间？

其实，这背后隐含着妻子的一个信念，那就是"我不够好，我不值得被爱"。因为她对此有着高度的敏感，所以丈夫对待她的很多行为，都会被她扯到"你爱不爱我"上面去。在合理化之后，我们则不会因为一件小事就得出"他不爱我了"的结论了。

尝试理解

在人际沟通中，我们经常会一厢情愿地认定我们对事情的解释就是事实，听不进对方的解释，这会制造极大的人际困境。而知觉检核技术就是针对这样的情况，避免我们的沟通无效而不自知。知觉检核技术用合理化帮助我们看见了更多的可能性，从而建立了理解的桥梁。

比如我们会想当然地问朋友："你看起来很不高兴，是不是发生什么事情了？"朋友会因为你的问话感到莫名其妙。这时，你内心似乎受到了伤害：我明明是关心你，你为啥不领情呢？这样的沟通分歧就是我们自己的感觉与对方的感受出现了偏差，知觉检核技术能够有效避免这样的知觉偏差。

《沟通的艺术》（*Looking Out Looking In*）这本书中提到了知觉检核技术可以分为三步。

第一步：描述你注意到的行为。

第二步：列出关于此行为的至少两种诠释。

第三步：请求对方对行为诠释做出澄清。

我们举个例子来看看生活中如何使用这项技术。

小 A 和小 B 是大学同学，住在同一个宿舍，平常关系很好。一天，宿舍里只有小 A 和小 B 两个人，小 B 离开宿舍时狠狠地摔了一下门，关上门走了。小 A 是个非常敏感的女孩，当时心里犯嘀咕："是不是我刚才哪句话没说对，惹她生气了？不会这么小气吧？我平时对她这么好，怎么友谊的小船说翻就翻呢？"小 A 陷入了自我批判和批判他人的圈套。

利用知觉检核技术处理这种情况相当简单，也根本用不着这么纠结。首先，小 A 可以告诉小 B："我看到你大力摔门了。"然后小 A 给出了她的诠释："你是不是生我的气了？""是不是风把门给带着关了？""是不是你有急事要去办，所以这么匆忙？"这些诠释可以缓解小 A 刚刚在内心升腾起的敌意。在表达的过程中，其实她已经在调整自己的知觉偏差了。诠释的过程就是在合理化小 B 狠狠摔门的行为，尝试理解小 B 为什么这么做。

最后，小 A 对小 B 说："你的感受是什么？是哪一种可能性？"
这时，即使小 B 表明刚才确实对小 A 的某些行为感到生气，但此时
气氛已经从前面充满火药味回到了理性沟通的层面，增进了彼此的
理解。

促进沟通

善用合理化，可以在有分歧的情况下仍然沟通畅顺，让情感流动
起来。《沟通的艺术》一书中还提到了一个枕头法。之所以叫枕头法，
是因为建立这个沟通思维模型时用了四个方向，类似于枕头的四条边，
而用枕头代替冲突，会给我们在意象上软化下来的感觉。

枕头法的原理是通过一系列沟通，将持有对立观点的两个人的沟
通目标转向增进二人的情感，而不是争论冲突的事实本身。我们在生
活中一定会有观点或认知不一致的情况，当我们彼此都无法说服对方
接受自己的观点时，枕头法就能帮助我们解决这样一个关系中的难题。

举个例子，如果你过了 30 岁生日，父母对于你迟迟不肯结婚深感
焦虑，于是不断安排你相亲，对此你非常烦恼。不去吧，怕伤了父母
的心；去吧，自己不愿意。那么你该如何做呢？这里有五个立场。

立场一：我对你错。你首先是站在自己的角度，认为自己肯定是
对的。"我结不结婚是我自己的事情，他们瞎操心，真的好烦，弄得
我都不想回家了。他们就是为了自己的面子，难道面子那么重要吗？
我又不是不想，只是没有遇到合适的。"这是在合理化自己不结婚的
理由。

立场二：你对我错。父母一定是认为，孩子年纪不小了，再耽误

下去，他们都没精力帮他带小孩了。"工作再忙也要操心自己的人生大事，尤其是看到周围的朋友都抱上了孙子，他们心里很不是滋味。"这是在合理化父母逼婚的理由。

立场三：双方都对，双方都错。孩子觉得父母关心自己没错，但是自己坚持遇到合适的人再结婚也没错。这既在合理化自己的观点，也在尝试换位思考，合理化父母的观点。

立场四：这个议题其实并不重要。"婚姻是人生大事，但老妈逼婚这件事真不是什么大不了的事，她逼她的，我做我的，这不会影响双方的关系。"这是在把争论的焦点从事实或内容层面转向关系层面。假如所有的沟通都着眼于关系层面，我们的冲突就会减少。每次向对方表达观点或情绪时，我们都要问问自己："这样说是会破坏我们的关系，还是会促进我们的关系？"有了这样的觉知，我们就能避免说出伤人却根本解决不了问题的话。

立场五：所有观点皆有道理。孩子理解父母逼婚行为背后的焦虑，应对起来也就淡定多了。他不会在父母一提相亲的事情时就火冒三丈，口头上也许会答应。他内心相信父母也不希望自己找个不喜欢的人生活一辈子。当然，他自己也会将这件事情提上日程，变得主动一些，让自己早日脱单。

这五个立场将合理化穿插其中，最终将结不结婚的问题转向维持尊重与理解的正向关系上。所以，在沟通的过程中，其实大家都没有放弃彼此的立场，冲突也没有得到实质上的解决，但这样思考增进了彼此的理解，让关系更融洽了。

上文曾提及，善用合理化能促进沟通，我们通常可以通过诠释、分析来加深理解。不过，如果没有共情，没有情感的回应，也就是过度理智，其实也是在防御负性的情感。

避免过度理智

美国家庭治疗师维吉尼亚·萨提亚（Viginia Satir）女士提到一种不良的沟通模式，那就是超理智化。有一类人，他们逻辑思维缜密，善于讲道理，会帮助你分析问题，并且能提出解决问题的方案，通常更注重知识层面，几乎不涉及情感、情绪层面。他们会坚持原则，为人处世的模式较为僵化，给人一种严肃、冷冰冰的感觉，让人很难靠近。

一对夫妻沟通不畅，妻子因此有了抑郁的倾向，便来找我做夫妻治疗。我发现，妻子在跟丈夫分享自己在职场中遇到的困难时，丈夫会热心地帮助她分析，并且会给她提建议。可是，妻子觉得这样的沟通对她帮助不大。实际上，她要的不是方法，而是丈夫情感上的回应，她希望丈夫接纳她的焦虑，并且对她做得好的部分给予肯定。而丈夫却觉得有事说事，有问题解决问题，不需要太过矫情。丈夫总是理智地分析，以高高在上的姿态指导她的工作与生活，这让妻子感到很挫败。

这种以解决问题为导向的沟通，在职场中可能比较有效，但在亲密关系中并不适用。超理智的背后是情感隔离，其实是害怕有任何感受，于是用理智化的方式防御内心的孤独与脆弱。

另外，在咨询中，如果咨询师总是在分析、解释，或者帮助来访者分析他的重要关系人，这都是在过度使用理智化以回避咨询师与来访者的关系，或者缓解咨询师自身的焦虑。曾经有一位女性来访者，因为发现丈夫出轨来做咨询。她提到自己对前一任咨询师感到非常愤怒，因为那位咨询师似乎在为她的丈夫开脱，一直在分析她的丈夫为什么会出轨，比如社交软件的兴起、男人的本性、某类女性的诱惑等，又接着分析她在婚姻中有哪些地方做得不好、哪些地方需要改进。结果她更委屈了。其实，前任咨询师并没有共情来访者的感受，没有在情感上支持她，在还没有跟她建立好关系的时候，就直接进入了分析与解释的阶段，来访者当然会终止治疗。

如何很好地使用合理化与理智化这两种高功能的防御，需要我们在感性与理性之间做平衡。在现实生活中，通常男性偏理性，女性偏感性，而从那些能够经营好婚姻的男性以及能够在职场上取得高成就的女性身上，我们会发现他们有种"雌雄同体"的特性。换句话说，他们既有男性力量的部分，又有女性力量的部分；既有感性，又有理性；既有情感，也有理智，往往更容易收获完整的人生。

2.6 自我功能抑制——使不出来的功夫，无意识地阻碍成功

自我功能抑制就好像一个人给自己上了一道枷锁，或者无意识地给自己制造障碍，以让自己完不成某种潜意识的愿望，外在表现就是完不成某项工作任务，或者总是无法成功。杰瑞姆·布莱克曼教授对

这个概念的解释是，自我功能抑制是对一种自主的自我功能赋予了敌意的象征性含义，这种功能可能和你的超我发生冲突，并引起内疚、焦虑和抑郁的情绪。于是，你不得不自废"武功"，以远离这些不舒服的感受。

自我抑制也可以说是一种自我限定。而精神分析治疗的目的，实际上就是完成一个松绑的过程，帮助我们摆脱对过去的限定，让你拿回你本来就拥有而从未使用过的，或者未被挖掘出来的潜能，过不受束缚的人生。

接下来，我们来看看，我们为何要抑制自我功能，又是通过怎样的心理活动让自己丧失了自主的能力。

用无能来满足关系的需要

关于需要用"无能"来满足的关系，国内精神分析学派的代表人物、资深心理咨询师张沛超老师提到一个词——"配种"，非常形象地描述了这种关系模式，也就是，用某个人的无能来配合另一方，从而满足关系的需要。

接下来，我将通过对亲密关系、亲子关系、职场关系三个方面的讨论，来说明它们是如何通过一方无能、一方有能力来达成这种"配种"形式的。

亲密关系

有人说，好的婚姻是势均力敌的，也就是当两个人的能力、财富或者知识水平相当时，更容易经营好婚姻。而那些"你强我弱"的关系，无论弱势一方变强，或者强势一方变弱，都会打破关系中原有的平衡。

在拯救者与被拯救者这一"配种"模式中，被拯救者的无能激活了拯救者的助人情结，结果被拯救者越是无能，这个关系就会越牢固。当被拯救者想要发展一些自我功能时，拯救者可能会有被抛弃的恐惧感，他们会通过打压或者贬低对方来制造被拯救者的无能感，让他继续留在这种纠缠的关系里。

而实际上，每个人都可以活成独立的个体，每个人都有自食其力的能力。在关系中表现出的自我功能抑制，有时是一种献祭或者讨好，是用自己的不行来满足另一个人的自恋，证明他的价值。一旦这种关系令我们感觉不舒服，我们就会尝试与另一个人在心理上进行分化，做自己想做的事，而不再依附于他人、受人摆布。

亲子关系

在亲子关系中，父母因为害怕孩子出错，往往喜欢替孩子包办一切，潜意识就是"你做不好，你做不来，只有我才是正确的"，结果剥夺了孩子的探索欲，让孩子失去了尝试的机会。在生物界有"用进废退"的理论，即假如你不使用，你的某个器官可能就会退化。以人类天生就会的"吃"为例，"吃"本来是人的本能，为什么很多家长还是会为孩子不吃饭而烦恼呢？仔细去探究，我们会发现，原来在孩子想要自己拿勺子吃饭时，家长往往会因为孩子拿不稳，自己吃不好，还会把家里弄脏为由，阻止孩子的这一行为，这就人为抑制了孩子自主吃饭的能力。

除了吃饭这件最基本的事情之外，家长还会替代孩子做出很多的决定：比如帮孩子安排他的时间，帮孩子选择课外班，帮孩子选择学校，帮孩子选择专业，甚至到最后帮孩子挑选伴侣，帮孩子买房子。最终，孩子被父母养成了一个"巨婴""妈宝"，丧失了一个成年人应有的功能。假如他们有一天成为父母，同样也不具备父母的功能，也就无法行使自己的养育功能。

家长替代孩子的很多功能，实际上是在替代孩子成长，是在满足自己未完成的愿望。孩子遵循父母规划的路线，不过是在满足父母的掌控感与成就感。家长看似对孩子投入很多，付出很多心血，做了很多牺牲，但实质上是想通过孩子来再活一遍自己想要的人生，从另一角度来看，这是否太过自私呢？

另外，如果孩子的自我功能比较弱，那也就意味着他们无法离开父母，他们需要一直在父母的羽翼下活着。父母在潜意识中制造孩子无能的感觉，或者抑制孩子的自我功能，这就像斩断了孩子可以飞翔的翅膀，让孩子无法离开，这大大缓解了父母可能被抛弃的焦虑。而那些成熟的父母则更愿意让孩子发展分离的能力，最终不依靠父母而活得自信又独立。

职场关系

在职场中，假如你遇到一个能力强、事必躬亲，但控制欲很强，又非常自恋的领导，那么你很可能会发现自己能力不行，做什么事情都入不了领导的法眼。他会对你的工作百般挑剔，恨不得自己一手包揽，甚至会传递一种信息，那就是他施舍给了你一碗饭，你的水平与能力再也找不到比这更好的工作。

在这样的企业中，你的工作与能力得不到认可与欣赏，你不能有自己的想法，你只能按照领导的意思来。但是这类领导通常并不会清晰地告诉你下一步应该怎么做，而是让你去揣摩、猜测，这真的很要命。

在选用人才时，这样的领导者会挑选那些听话、但能力一般的人。因为他们会担心无法驾驭那些能力可能比自己还强、又有想法的员工。由这种领导带队，不仅会抑制员工的创造力，也会抑制组织的活力，这对组织的创新与进步都是极大的阻碍。

用自我功能抑制来攻击他人

这种自我功能抑制可以用"伤敌一千，自损八百"来描述。其实，用这种方式来无意识地攻击他人，代价可实在太大了。

有一对博士夫妇为自己上一年级的儿子的数学成绩伤透了脑筋。按说父母都是学霸，孩子的基因不会太差。没想到孩子上了一年级之后，第一次数学考试成绩居然不及格，这让两位高知的家长非常难以接受。想当年母亲的高考数学几乎是满分，母亲很想把自己当初轻松学习的经验教给孩子，在学前就开始辅导孩子功课。结果，母亲投入的越多，孩子的成绩却变得越糟糕了。

为什么会事与愿违呢？

一方面，父母顶着学霸的光环，给了孩子很多无形的压力。在学业方面，孩子看起来几乎不可能超越父母，父母的成就让他根本无法企及，那他就只能放弃这部分自我功能、另辟蹊径了，让自己成绩差也成了他潜意识攻击父母的武器，这会让父母在面子上很难看。

另一方面，如果想要破坏一个人对某件事物的兴趣，你只需不断地强调这件事情的重要性，就足以扼杀他对这件事的好奇心。这是家长们最爱做的一件傻事，就是把孩子天性中感兴趣、好奇的东西赋予一些非自然的意义，尤其是一些极为功利的意义，将内在的天然动力转变成外力。从某种程度上来说，就是把孩子的事情变成了自己的事情，孩子也就丧失了学习的动力。

躯体转换或者功能障碍

自我功能的抑制还涉及语言表达、记忆、智力、感官系统、现实检验、专注力、社交能力、对现实的判断能力，以及生活自理能力等很多方面。

语言表达的抑制可能导致口吃。在电影《国王的演讲》中，约克郡公爵因为哥哥"爱美人不爱江山"而放弃王位，而被推到了政治前台。公开演讲成了他上任后的重要工作，但"结巴"也成了困扰他的最大问题。不过，在生活中，当他对着孩子说话时却又很流畅。实际上，在公众场合他抑制了自己说话的能力，从而无法顺畅地表达。

从他的成长经历中我们不难发现，哥哥比他优秀，而且经常嘲弄他，这让他从小就生活在哥哥的阴影下。父亲对他非常严苛，从未认可和欣赏他，这反而让他对父亲的认可充满了渴望。家庭中唯一与他比较亲近的人就是保姆，但她更喜欢哥哥，明显对哥哥更好，而且暗地里还经常虐待小博迪（约克郡的小名）。因为疏于照顾，博迪从小就得了胃病。一个没有被爱过、没有被情感滋养、被温暖对待过的孩子是怯懦的，他面对外面的世界时也是无比恐惧的。当他在面对公众时，公众的眼光在他看来就是洪水猛兽，让他感到了巨大的威胁。

为了解决口吃的问题，他遍寻名医，不过均以失败告终。在妻子的帮助下，他找到了治疗师罗格医生，一个并没有经过专业培训、没有资质的冒牌医生。

他是如何被治愈的呢？曾经当过演员、教过演讲的罗格，在治疗中把国王当成了一个真实的人对待，在他们之间建立了信任与平等的关系，这是治疗的关键。在治疗师的支持鼓励下，他的童年创伤被一一打开，并被允许言说，再加上行为上的矫正训练，国王终于突破了语言上的障碍，成功地完成了一场鼓舞人心的演讲。

另外，我们来看看考试焦虑如何引发记忆、智力、专注力等自我功能的抑制。比如在考前无法将注意力集中在学习上，到了考场大脑一片空白，或者以前演练过多次的题目在考场上就是做不出来，这时记忆与智力就会完全丧失。

考试焦虑，往往来自社会、家庭以及自身。社会的主流价值观会将一个学生的成功限定为考一个好分数。父母会把孩子的未来与考试的分数捆绑在一起，而孩子又对自我有过高的要求，在这几重压力下，孩子会非常担心考试失败，导致思虑过多，出现失眠。这种过度的焦虑抑制了孩子的学习能力。

最后，我们再来谈谈对现实的判断能力这一重要的功能。这一能力是指一个人的心智化水平很低，缺乏常识和对事物的合理判断。比如一个女生被一个从未谋面的男性网友邀请一起出去旅行，她完全不知道这背后有性的邀约，可能还会有潜在的风险。甚至她已经处在了一个非常危险的境地却毫无察觉，这就是对人与周围环境失去了判断力的表现。

在危机状态下，人的大脑一般会做出战斗、逃跑或者僵化等反应。因为需要在很短的时间内通过过去的经验甚至本能即刻判断当前的形势，并做出选择，那么假如我们在成长过程中没有经过相应的训练，或者缺乏相关的知识，就会将自己置于极度危险的境地。

前不久，我的闺密讲了一件令自己害怕又羞愧的事情。她在厨房炸东西，倒了半锅油后，发现手机没电，就去客厅拿充电线，结果因为一个短信需要及时处理，就忘记了还架在火上的油锅。等她想起来时，火苗已经蹿了起来，厨房里浓烟滚滚。此时的她完全慌了神，赶快给老公打电话，老公告诉她只要盖下锅盖就可以了。她当时居然认为这样会引发爆炸，就没有听老公的话，结果火势越来越大，触发了报警装置。好在被闻讯而来的邻居及时处理，避免了一场火灾。可见失去现实的判断能力有多可怕，一个错误的判断，可能会让自己丧失生命。

如何改变自我功能的抑制

首先，看见自己内在的冲突。

回顾自己不喜欢的东西，往往可以关联上某个人。比如上学时不喜欢数学，是因为数学老师总是一副不友好的样子，逮住同学就是一顿臭骂，还经常贬低同学们的智商。实际上，我们是把数学老师与数学这门功课等同起来，无法将两者区分开来。我们无法直接表达对老师的愤怒，只好将厌恶的情感投射到我们可控的数学学习上。

再举个例子。有位朋友小时候特别爱好文学，几乎每天都会写日记。有一天，她发现妈妈偷看了自己的日记，为了不让妈妈发现自己的秘密，她一怒之下把日记本撕得粉碎，从此封笔不再写了。成年后，她仍然怀念自己年少时写日记的美好时光，想要把文学创作重新拾起来，却发现自己完全被困住了。虽然头脑中有万千思绪，却一个字也写不出。她通过抑制自己的写作能力，来保护自己的隐私，虽然时过境迁，母亲不会再有机会偷窥，但是当年对母亲的愤怒仍然在影响着她。

当我们看见这些事件背后的心理冲突时，那个被抑制的锁扣可能自然就开了。

其次，看见成功背后的恐惧。

如果在成功背后，总是有一个更大的，更令人恐惧的惩罚在等待你，你当然会选择安于现状，以避免未来的不确定。

另外，还要远离消极的暗示，挖掘积极的暗示。

我有一位女性来访者，在职业上遇到了瓶颈，一直想通过提高学历来寻找出路。不过，她的老公对此却颇不以为然，最常挂在嘴边的一句话就是"就你？肯定不行！"虽然她很努力地复习，结果考研还是失败了。这似乎又一次被老公言中——她不行。但她骨子里有股不服输的精神，第二年又报考了。而在那个当口，她找到了我。她说自己对通过这次考试没有多少信心。距考试只有一个多月了，她几乎都没怎么认真看过书。在咨询过程中，我帮助她看见了自己的资源，肯定她本来就具备的能力，给予她积极的暗示。几个月后，她在朋友圈里秀出了自己的研究生录取通知书。

消极暗示成了我们向前的绊脚石，让我们失去了判断能力，在自我否定中放弃成长的机会。当我们采取积极暗示时，我们就可能启动内在的动力系统，不断试错，最终达到自己的目标。

最后，通过心理分析重启自我功能。

弗洛伊德有一个非常经典的案例，展现了一个女性的工作抑制问题是如何在分析工作中得到治愈的。女诗人希尔达·杜利特因为遇到了写作瓶颈来向弗洛伊德求助。她27岁时发表了自己的第一首诗，4年后出版了自己的诗集。在后来的20年间，虽然作品产出不少，但均反响平平。在47岁那年，她在弗洛伊德这里开始了短暂的分析。之后，她撰写并出版了对于女性很少能企及的史诗。1960年，她成为第一位获得美国艺术科学院奖章的女性。

在接下来的20年里，她一周七天写作，一天写好几个小时，创作了大量高质量的诗歌和散文。在分析之前，杜利特的作品更女性化，而在分析之后，她的作品中呈现了更多男性化的内容。可以说，是弗洛伊德的分析激活了她的创造力，重启了她丧失的创作能力。

2.7 被动——拖延或无法行动，将自我管理让渡给他人

生活中有一类男人被称为"三不男人"，那就是不主动、不拒绝、不负责。这样的男人让人无法信任，也无法依赖。你对他没有任何要

求时，他会被动地配合你，一旦你透露想让他负责的想法，他就会逃离。这就是一种很典型的被动型人格。

在咨询室中这种被动型的人也很常见，尤其是那些被妻子强迫来做心理咨询的男人。

一对夫妻来到咨询室想要解决他们的关系问题，妻子小费觉得无法再容忍丈夫的行为，婚姻已经无法继续，于是想借助心理咨询做出调整，而丈夫小王却并不以为然，他只是因为不想离婚，才不得不陪着妻子来到咨询室，但骨子里并没有想过要做任何改变。

这对夫妻的核心冲突是丈夫小王的被动问题，而这次心理咨询，他也同样是被动地参与。妻子抱怨丈夫从来不会主动关心她，也从不主动思考家庭未来的规划。如今已经有了女儿，他依然不会主动帮妻子做些什么，照样玩游戏、和朋友聚会，对家庭一点儿也不负责。当然，他也不是一无是处，妻子给他安排的事情他会答应下来，有时也会照做，不过大多数时候他会拖延，要妻子多次提醒他才去做。当妻子满腹怨气，想跟丈夫沟通时，丈夫也总是以各种理由推脱，或者一言不发，只是被动地听着妻子抱怨。结果，问题没有解决，妻子反而越说越生气。

典型的被动型人格特质

像小王这样的被动型的人，通常具有以下特点。

不愿做决定，常常把决定权让渡给时间或他人

这类人表面上看是没有主见，而实际上是因为他们并不知道自己真正想要的是什么，不知道他们自己是有选择的。比如大家一起出去吃饭，让每个人点一个自己想吃的菜，有人会说：随便，你决定，我都可以。这个行为背后的心理动机，一方面是他想被动地接受别人的照顾，另一方面是他不愿为选择负责，既不愿为自己、也不愿为他人负责。此外，他甚至还有了指责别人的借口。当然，在恋人之间常常还有一种可能性，就是想测试对方是否真的在乎自己，自己在对方心目中是否很重要。

对于一些棘手的事情，或者一些两难的事情，我们往往会把它交给时间。在某些时候，时间的确帮了我们大忙，所谓"事缓则圆"。不过，如果本该自己承担的责任或自己应该做决定的事情，总是拖延不行动，也许能暂时避开困难，却会延误最佳的决策时机，甚至让自己、他人或组织遭受巨大的损失。

过于挑剔，从不肯定他人

自己不做选择与决定，或者迟迟不行动，实际上就给了自己挑剔别人的时间与空间。比如在家庭中，从不做家务的老公会挑剔妻子饭做得不好吃，家里的卫生搞得不好，他觉得自己在外赚钱辛苦，却很难体会到妻子在家带孩子、做家务的辛苦。他回到家中，期待妻子像母亲一样给自己无微不至的照顾，这样不仅可以为被动找借口，还可以树立自己在家庭中的威信。

另外，被动的人往往喜欢讽刺别人，这样可以把自己放在一个道德的制高点，以掩饰自己的无力、无能、脆弱或嫉妒的心理。有位妻子就曾经跟我抱怨说，自己加班回到家，丈夫经常给自己脸色看，并且冷嘲热讽地说：你这么忙，也没见你挣多少钱回来！同时还会抱怨妻子没有照顾好孩子，衣服没有熨烫好，家里的马桶没有刷干净等。实际上，她的丈夫因为欠缺处理人际关系的能力，在职场一直郁郁不得志，错过了一次次升职的机会。所以讽刺在单位做领导的妻子，可以让自己找回一些优越感，顺便也打击一下妻子的"嚣张气焰"。

这种长期的挑剔、指责，还会将自己的无能感投射出去，而对方则会认同这种投射，觉得都是因为自己不够好，才导致了这样的结果，不断地质疑自己，不断地反思自己是哪里做得不好，久而久之就会逐渐丧失自信心。

冷暴力，冷处理，不表达情绪

冷暴力在亲子关系和亲密关系中很常见。只是在亲子关系中，冷暴力显得更为隐蔽、更不易被察觉。

冷暴力通常有以下三种表现。

第一种：情感隔离（忽视）

情感隔离或者情感忽视会严重损害亲密关系。心理学家研究发现，情感忽视所带来的创伤体验，可能比身体伤害所带来的后果更严重。

著名的心理大师约翰·戈特曼（John Gottman）从事家庭关系方面的研究长达 40 年，他发现夫妻间缺乏积极的互动，处于冷暴力状态的婚姻关系走向解体的可能性会增加一倍以上。

第二种：情感操控

有些被动型的人内心极其自卑，却不愿承认比别人弱，尤其不愿承认自己比伴侣差。他会用各种方式打压、讽刺、羞辱对方，以抬高自己在关系中的地位。

情感操控者通常会以"我爱你"的方式对伴侣进行情感操控，让对方感到内疚，从而心甘情愿地按照自己的要求去做；他的嫉妒也会让对方有一种"他很在乎我"的错觉；他用疏远来惩罚对方，又用温情来挽回，于无形中实施情感上的暴力。

第三种：情感勒索

"我这都是为你好啊，你怎么还不改呀？"

"假如你再不改，咱们的关系就到此为止吧！"

这些话是不是很熟悉？情感勒索者已习惯了将自己放在道德的高地，指出对方的错误，美其名曰想帮助对方变得更好。实际上，他不断地挑剔、指责对方，让对方感到羞耻、自卑与无能，觉得自己不够好，自己配不上他。

对于情感勒索者而言，他万变不离其宗的套路就是，你如果不这样做，就是想伤害我，你一点儿也不关心我的感受。

而被勒索者容易对自我产生怀疑，过度地需要他人的认可，因此非常害怕他人生气，不自觉地把责任都揽到自己身上，这样往往是配合了情感勒索者，而忽略了自我的边界，在关系中失去了自我。

美国资深心理治疗师苏珊·福沃德（Susan Forward）在大量的临床实践中发现，那些最亲密的人往往最容易成为情感勒索者。他们正是利用对方的恐惧感、责任感与罪恶感控制对方，让对方离不开他，愿意忍受他的操控。

被动的人就像躲在暗处，总让对方先出招，然后等待时机出击，掌控更多的主动权。比如回避型的人会让其焦虑型的伴侣极其抓狂，他大多数时候都不回应，给人一种高冷的感觉。而人的内在会有一种动力，那就是越得不到的，就会越渴望。对方一旦给了回应，这种渴望得到了满足，会让人欣喜若狂，甚至可能会对这种感觉上瘾。这也是为什么有的人即使对方对其施以情感上和身体上的虐待，他也不离开对方。

拖延

有些人总是无法按时完成工作任务或计划，或者忘记任务、经常迟到、选择困难、做事拖泥带水等，通常都与拖延有关。

探究拖延的心理动机，我们会发现它是一种非常被动的处事方式。产生拖延通常会有以下几种心理原因。

第一种心理是讨厌。当我们遇到不喜欢的事情，却又无法拒绝时，就会先往后拖一拖。

第二种心理是恐惧。我们因为害怕某件事情无法完成，或者不能成功，或者给自己带来不好的影响，让自恋受损，就会采取逃避或者推诿的方式，从而导致延误。

第三种心理是回避。我们的焦虑来自对未来的不确定性，开始一个任务、一项工作、一次旅行，后面都隐藏着不确定性，为了回避这种不确定性，干脆就不会开始。

第四种心理是完美主义。总是觉得自己还没准备好，还有很多细节没有考虑完善，似乎一直都在做准备，导致迟迟无法开始行动。

控制

如果有一件事情是我们自己特别感兴趣的、热爱的，我们做的过程是享受的、愉悦的，那么一般很快就能完成，几乎不会拖延。

比如你热爱读书，对你来说读书是非常享受的过程，那么你就不用给自己下任务，不知不觉就会读完一本书，甚至还回味无穷。

但对于自己不喜欢的工作，自己不得不做、不得不在限期内完成时，你就会迟迟不想去做，做起来也觉得很难，进展缓慢，还会不断地给自己找借口。

直到最后无法再拖时，再拼命加班，赶在最后期限前勉强完成。

在这个过程中，老板不断催促，你就是拖着不办，反过来似乎验证了你对整个事情有绝对的控制权，老板也拿你没办法。

你可以控制它何时开始，也可以控制它何时结束，整个过程都在你的掌握中。其实，在潜意识里你觉得用拖延的方式可以控制老板，这恰如童年早期，孩子希望通过某种方式操控自己爸爸妈妈一样。

被动攻击

在生活中，被动攻击的情形很常见。

第一种情形是有意无意地惹怒对方，对方发怒了，自己攻击的目的就达到了。

在夫妻的互动中，经常会发现这样的一些场景。比如饭后妻子要求丈夫洗碗，丈夫答应着，却坐到沙发上玩起手机来。

妻子一遍遍催促，丈夫口中答应道"等一会儿""等一会儿"，但就是不行动。妻子被丈夫漫不经心地样子激怒了，但也不好跟他发脾气，因为他在语言上是顺从的。

丈夫这种行为背后的心理动机，就是不愿意受妻子指挥，用拖延让妻子有怨气,被动地攻击了妻子。

攻击性有能量的多少之分,也有方向之分。如果你给对方一份攻击,比如愤怒、指责等,对方就会产生一种反作用力,以他自己都无法察觉的方式被动攻击你。比如上面那个丈夫,他并没有反对妻子,但他就是不按妻子说的办,把妻子激怒了,他的攻击也就得逞了。

第二种情形就是拐弯抹角地攻击。有的人害怕正面交锋,或者害怕破坏关系收不了场,他们往往会顾左右而言他,并不针对引发自己不高兴的事情,甚至不针对引发自己不高兴的人,而是拐到其他事情上去抱怨。

通常他们没有能力去展现自己的攻击性,大多数时候是对内攻击,甚至用自伤、自残、自虐、自怜或者自我侮辱的方式引发对方的同情,令对方感到内疚,从而达到攻击对方的目的。

第三种情形是用拒绝和冷漠去攻击。电影《无问西东》中的主人公许伯常对待妻子刘淑芬就是采用了这种方式。

不轻易做出承诺,或者做了承诺却又常常食言

通常这会给人很不靠谱的感觉。有一对情侣相恋了 5 年,二人都近 30 岁了,按说早已经到了谈婚论嫁的年龄了,可是男方就是不提结婚的事情。女方不断暗示,男方充耳不闻。后来,女方直接问男方准备何时结婚,男方立即说出一大堆理由推脱,比如现在要先拼事业,还没有攒够买房的钱等。其实,分析男方不着急结婚的原因,最大的可能就是没有准备好对另一个人、对家庭负责。

人们为什么会表现得很被动

养育环境

在养育的过程中，父母总是希望孩子做事情更主动、自律，但孩子却往往表现得很被动，这或许与我们的教育方式有关。

首先，孩子在成长的过程中，假如所有事情都由父母安排，孩子没有自主支配的时间，他们便很难发展出时间管理的能力。其次，过度宠溺也会有一定影响。当孩子出现愤怒、不安或者情绪低落时，大人们会马上冲上前去充当"救火员"，结果孩子根本没有机会学会自我安抚、自我安慰。另外，孩子未来的生活似乎也被父母安排好了，比如读什么大学，学什么专业，毕业后到哪个单位上班，甚至连婚房都准备好了，孩子没有机会思考自己喜欢的究竟是什么，自己想要的是什么，未来想从事什么职业等，似乎只能被动地接受父母的安排。

孩子在成长的过程中没有学会自主掌控时间，没有学会自我安抚，也不需要为自己的未来负责，一直被动地等待别人来安排，别人来安慰、安抚，也就很难发展出情绪管理的能力，以及自我解决问题的能力，结果就形成了一种被动性的人格特质。

一方面，在学校，他们很听老师的话；在家里，他们是乖孩子；在职场，对领导非常顺从。不过，顺从的背后有可能出现我们前面提到的被动攻击。另一方面，他们在行为上也会表现得非常被动，比如他们会认为我是为了父母学习的，那么做作业也是父母的事情；工作是做给领导看的，你没有吩咐的事情、没有安排的事情，我就不做，等等。

社会观念

一个人是主动的还是被动的，除了与他的成长环境有着直接关系，也和他所处的社会环境有关。

多数社会中，都似乎要求女性有更多的顺从性与被动性。比如在婚恋中，人们普遍认为女性不能过于主动，要保持矜持的态度，这样才能得到男人的珍视；女性不能太有个性，太过张扬，否则就是另类，等等。被这些社会观念长期束缚，会让女性有种忍辱负重的感觉，而无法发展出更多的能动性，创造出自己想要的未来。

标准·普尔公司对美国 500 家大型上市公司进行了调查，结果显示，500 家公司中只有 4.9% 的 CEO 是女性，而女性领导者的比例仅为 2%。Meta 首席运营官谢丽尔·桑德伯格在《向前一步》这本书中就曾提到，女性需要在职场中向前一步，也就是开会时要坐在前排，要主动发言，这样才能让女性在职场中争得一席之地。

我发现那些来到咨询室的儿童与青少年，往往是被大多数人认为比较不合群、比较"另类"的。而实际上他们身上总是有一些令人惊喜的东西，比如有很高的文学天赋，有绘画的才能，有对人的敏锐的观察力，等等。只是在特定的社会观念下，他们好像是"有病"。

应对压力的模式

通常我们在遭遇到压力事件时，会做出战斗、逃跑或者僵住的反应。逃跑在某种程度上来说，也是一种被动的反应方式，那就是回避。

僵住就是我们现在俗称的"躺平"模式，在行为上也是非常被动的。我们因无法在过分激烈的竞争中胜出，不得不降低自己的欲望，以获得内心的平衡。

人类压力研究中心的索尼娅·卢比安（Sonia Lupien）总结了生活中的压力事件，并巧妙地将其缩写为 NUTS（坚果），N（Novelty）代表新奇，也就是你以前没有经历的事件；U（Unpredictability）指不可预知，就是你预想不到的事情；T（Threat to the ego），指对自我的威胁，也就是你的安全感与能力被质疑；S（Sense of control）指控制感，就是你感到自己根本无法驾驭局势。总结一下，实际上就是人们在遇到未经历过的、无法预测的未知事件时，缺乏能力获得某种控制感，就会触发焦虑，从而不得不采取被动的应对方式。

当然，还有一种病理性的被动，那就是抑郁。如果一个人过于被动，通常来说他会感到压抑。

一个女性来访者说她感觉自己抑郁了。我问她究竟发生了什么事情，她提到自己在医院的工作非常忙碌，白天需要接待大量的病人，晚上还被领导要求填写各类报表，经常要工作到晚上 11 点才能完成，这让她非常疲惫。她的丈夫也经常抱怨她没有时间照顾家人，如今她已经 33 岁了，生孩子的事情也被提上了议事日程，但她觉得自己好像根本没有时间生孩子、养孩子。

看得出来，这位女性是被动的，因为她不喜欢下班后仍要做工作上的事情，所以虽然有时可以很快完成，她仍然会拖延到 11 点，同时又会因为工作上的拖延而感到焦虑和内疚。

经过 1 年的治疗，这位来访者觉察到了自己的被动性，在生活与工作中变得更加主动，比如向领导坦诚地说，有些职责以外的工作自己不会做，同时将一部分工作分配给了同事做。这样，她就可以获得更多的闲暇时间去做自己喜欢的事情。以前枯燥的生活也有所改变，她变得更快乐了，抑郁得到了缓解。

如何应对被动与拖延

好好管理自己的时间

我们可以算一算，一天里自己可以自主支配的时间有多少？有句话说得很有道理，人与人的差别在 8 小时之外，也就是说，你如何利用你的自主支配时间，决定了你能达到什么样的高度。

现代人一方面总是感觉时间不够用，另一方面又将大量的时间消耗在手机上，这会导致更多的焦虑。我们可以利用时间管理的工具，整合出一套适合自己的时间管理体系。我总结的这套体系包含了以下四个方面。

第一，选择做一些快乐而有意义的事情。做事拖延的核心原因是没有动力，而推动我们行动的往往是能让我们获得快乐，并且从中感受到价值感与意义感的事情。这与积极心理学家，哈佛大学泰勒·本－沙哈尔（Tal Ben-Shahar）博士在《幸福的方法》这本书所提到的幸福公式一致：幸福＝快乐＋意义。

第二，化整为零。一项大的目标很难实现，但如果将其拆解成一些小目标，就更容易开始与行动，并且也能更好地利用碎片化时间去完成。比如你计划半年内写一本 15 万字的书，那么分解到每天是多少，然后每天准备抽出多少时间来写作，在什么时间收集素材等，这样按每天的计划来完成，就比较容易在规定的时间内完稿。

第三，善用拖延。你会奇怪，我们不是要解决拖延的问题吗？怎么还可以利用拖延这种行为呢？实际上，有些事情做起来真的有困难，在无法开始时，我们可以先做一些简单的、外围的工作，用一种小的拖延来对付大的拖延，但首先还是让自己先行动起来。

第四，使用时间交替法。也就是将有趣与乏味的事情交替着做。同时，也可以利用番茄钟等时间管理工具，让自己更专注。番茄钟实际上也是一种交替工作与休息的方法，帮助我们提高工作效率。

养成良好的行为习惯

自诩为"天生的懒虫"的斯蒂芬·盖斯（Stephen Guise），为了改变自己懒惰拖延的行为，开始研究各种习惯养成策略，并且将自己的经验总结在了《微习惯》（*Mini Habits*）这本书中。

《微习惯》中强调的意志力，其实是一种自控力，这种自控的能力是由大脑的前额叶控制的。从人体能量耗费的角度看，微习惯策略有一定的科学道理。试想，如果你想养成一个每天阅读一本书的习惯，且不说这个任务很难完成，你每天都在决定是否要完成，以及幻想着完不成后产生的内疚与沮丧感，这些都非常耗能。但是微习惯不同，如果你计划每天只读 2 页书，那就太容易完成了，几乎都不需要去思考，拿到书就可以完成。

微习惯的成功之处是着眼于微小之处，积少成多地改变自己。在自己的舒适圈里，偶尔把脚稍微伸出去一点儿，久而久之，自己的舒适圈就扩大了。

想养成微习惯你只需要以下八步，通过这八步，你可以微调你的人生。今天的一小步，可能会造就人生的一大步。

第一步：选择适合你的微习惯和计划

同时进行的微习惯数量不要超过 4 个，这样更容易完成。这个计划可能是每天阅读 2 页书，散步 1 公里，跟家人说一句感谢的话，或者每天写 100 字的随笔发朋友圈等。最关键的是这些习惯要很容易做到。

第二步：挖掘每个微习惯的内在价值

我们可以多问问自己，设定这些目标可以给我带来什么好处？这件事情是不是值得自己去付出努力，这样在行动时才不会有抵触心理。

第三步：明确习惯的依据，并将其纳入日程

培养习惯的常见依据有两种，时间和行为方式。

比如阅读，选择行为方式时可以设定两个时间点，早餐前半个小时和晚上睡觉前半小时，这个时间设定的范围大，弹性强，在每天必做的事之前预留时间阅读，就会形成一种习惯性的行为。

采用固定时间点法，比如每天中午吃完饭做 5 次颈部运动，或者设定闹钟，在整点时喝水，这会让你的身体自动地形成一种生物节律。习惯养成后，你的身体会自然提醒你，直到这一习惯变成一种无意识的行为。

第四步：将大目标分解成小任务，提升成就感

　　微习惯会给你自然奖励，那就是不费力气就完成了每天的目标带来的成就感，这是给你的精神奖赏。

　　更重要的是，由于任务微小，你每天都有机会超额完成任务。你的大脑每天都会接收类似的奖励，并且会在后面的坚持中获得一个更大的奖励，比如收获苗条的身材，每年写作几十万字，每年阅读几十本书，这些都会让你感到振奋。

　　第五步：记录与追踪完成情况

　　你可以在家里摆上一个大的挂历，完成就打一个对号，也可以在手机日历中标注，当然也可以使用一些软件进行提醒与记录。当回顾一周的完成情况时，你会发现完成率非常高，针对没有完成的部分，你也可以去做些总结，是否标准定得太高，还是你其实没有那么想要改变这个习惯。

　　第六步：微量开始，小步快跑

　　微计划的核心与精髓就在于微量开始，这个计划简单到好笑，简单到一抬腿就完成，你根本不需要纠结要不要做，只要做就好了。而最关键的是，你一开始，就无法停下你的脚步，这就是微量起步的好处。

　　第七步：服从计划安排，摆脱高期待值

　　在开始完成微量计划后，我们很有可能会开始对自己有更高的期待，想去调高目标，这可能会阻碍你习惯的养成。所以，坚持原来的目标极为重要。偶尔可以超额完成当日的任务，但不要把更大的任务量列入计划。

　　第八步：留意习惯养成的标志

当出现以下几种现象时，你的习惯就已经印刻在你的身体里了，这时就可以再挑战新的舒适区，设定下一轮的微习惯。

- 没有抵触情绪。
- 你有了一个自我身份的认同：比如你是阅读爱好者，你是一个运动达人等。
- 行动时无须考虑。
- 你不再担心完不成任务。
- 将任务常态化。

运用微习惯的思维可以帮助我们摆脱被动与拖延，及时主动出击，把生活的控制权与主动权拿回自己手中，行动是克服焦虑的最好办法。

2.8 假性独立——对信任他人、依赖他人的恐惧的防御

一个人成熟的过程是从依赖到独立的过程，人的一生似乎都在追求经济上、精神上以及人格上的独立。这三者的独立似乎有着层层递进的关系，经济独立是基础，而只有在经济以及精神独立的基础上，才能做到人格上的独立。

不过，在谈到独立的同时，我们会留意到一种特殊的独立，那就是"假性独立"。它是我们发展出的一种防御方式，有的人表现得很

独立，做任何事情都只想依靠自己，不愿意接受任何人的帮助，他们看似独立，其实是为了避免自己依赖他人，或者回避因需要别人的帮助而导致的羞耻感，以及内在的脆弱与无助感。我们把这种表现称为"假性独立"。

假性独立的外在表现

成年人的假性独立通常表现在以下几个方面。

内心非常渴望有一个人可以依赖，外在却将自己伪装得很强大，习惯性拒绝别人的帮助。

人们往往会认为坚强、坚韧是一个人的美德，所以遇到事情时，再难也不能示弱，也要咬牙扛过去；而且他们觉得假装自己很强大可以避免被别人欺负，并以这种方式抵抗自己没有依靠的孤独感与恐惧感。

一个男性来访者几乎全年无休地工作，身体不适的时候，要么随便买点儿药吃吃，要么稍微休息一下，结果在 50 岁那年突然在工作岗位上晕厥，被同事们紧急送到了医院，一检查已是肝癌晚期。躺在病床上生命垂危的他终于放下了强大的伪装，成了被照顾的对象，这也是他大半辈子都不曾有过的。

有追求成功的强烈欲望，却又难以忍受挫折，遇到困难比较容易放弃。

为了证明自己的独立，最直接的方式是让别人看到自己的成果或成绩，那么追求成功就成了假性独立的人生命中最重要的目标。

人们定义成功的标准可能各不相同，假性独立的人通常更为功利，他们会把财富、地位、学历、圈层等作为衡量成功的标准。当他们遇到挫折时，经常会去指责、攻击别人，否认失败，或者推卸责任以避免体验到挫败感。挫败感会导致他们的自恋受损，引发他们自恋性暴怒，这在另一方面又会给人一种强悍的假象。

其实，他们只是不愿承认自己的脆弱与无助，假装坚强独立的背后，其实是恐惧。

在关系中喜欢控制对方，以获得掌控感、价值感与安全感。

假性独立的人害怕依赖别人，会制造自己很强大的假象，让别人觉得自己可以被依赖，这样自己在关系中也更有主动权，被需要的感觉也会让他们更有价值感。

比如在关系里，一方往往会利用自己的权势或金钱来控制对方，有时甚至牺牲自己的需要、委屈自己，通过道德绑架达到控制对方的目的。在生活中有一类人，他们总是把时间、精力、金钱和爱奉献给他人，通过过度付出，凸显自己的强大，让对方离不开自己，其本质也是为了控制。

对他人不抱希望，无法信任他人，认为这个世界上唯有靠自己。

"在这个世界上，我不相信任何人，我只相信自己。"当说出这句话时，是否会感到有些悲壮？一个人经历过什么，才会不再信任这个世界，不再对他人抱有任何希望？或许他也曾经想要依靠一个人，但是发现身边根本没有人可以依靠，或者曾经遭遇过背叛、欺骗，那样的经历完全颠覆了他的世界观。为了避免自己再次受到伤害，他选择了放弃寻求别人的帮助。

除了上面提到的成年人中的假性独立之外，儿童与青少年中也同样存在着假性独立的现象。

特别突出的一类就是"亲职化"。亲职化是指父母没有能力或者不愿意履行自己作为父母的职能，结果亲子间的角色倒转，子女不得不忽视或压抑自己的情感和需要，转而承担起原本应由父母承担的照顾家人情绪或生活的责任。

亲职分为情绪性亲职化和功能性亲职化。比如爸爸脾气不好，经常对妈妈拳打脚踢，孩子心疼妈妈，会努力去安慰妈妈，倾听妈妈对爸爸的抱怨与仇恨，承受妈妈的负面情绪，这就是情绪性亲职化。

有的家庭，因为父母非常繁忙，而家里又有很多个子女，老大不得不代替父母来照顾弟弟妹妹，或者帮助父母做家务，甚至不得不辍学来帮补家里，这就是功能性，或者被称为工具性亲职化。

这些孩子就是我们俗称的"小大人"。他们看起来特别能干，也特别懂事，非常独立，做了很多与自己年龄不相符的事情，承担了他这个年龄本不该承担的责任。

在青少年群体中，还有另一类属于发展性的"假性独立"，也就是处在青春期的孩子，会有强烈的独立的愿望，但是他们又不具备独立生存的能力，心理上也还非常不成熟，这就会产生身份认同上的混乱。

哈佛大学教授爱利克·H. 埃里克森（Erik H. Erikson）在他的人格发展八阶段理论中提到的第五个阶段——青春期（12 ~ 18 岁），会出现自我同一性和角色混乱的冲突，也就是在独立与依赖之间摇摆。青春期的孩子开始有自己独立的主张、独立的思考能力、独立的观点，但他们又缺乏社会实践经验，所以会对自己盲目自信，遇到问题认为自己能解决，结果出现挫折又很难承受。

青春期的孩子就是在这样的矛盾中不断探索自己，不断形成自己对世界的看法，形成自己的价值观的。

我们把这种"假性独立"称为发展性的问题。假如父母在这个过程中可以与孩子平等地交流，像对待成年人一样给予尊重，支持孩子表达不同的意见与建议，孩子才会走向真正的独立。

女性主义中的假性独立

很多人对于独立女性的定义其实不乏误解和刻板印象。比如"单身""不婚""事业女强人"等标签被贴在了独立女性身上。

有人会标榜自己的独立女性身份，高调秀出自己的成果，并且强调这些是不依靠男人、独自创造的。但是，有时候她们只是用"独立女性"身份作为婚姻的敲门砖，找到一个可永久依靠的对象之后就会放下自己所谓的"独立"。

还有一类女性在事业上非常成功，自己组建团队，创办公司，做得风风火火，可是一遇到感情问题就犯晕，在商业上的识人术完全无法运用到恋爱中，在情感中屡屡受挫。这或许跟她们内在的拯救情结有关，她们不自觉地在寻找或者创造过去熟悉的感觉，让自己成为拯救者或者改造者，不过总会以失败而告终。

在某些时候，女性"独立"似乎变成了自己对亲密关系失望的掩饰。比如在节日没有收到礼物，会说"咱们是独立女性，礼物我可以赚钱自己买"；男友对自己不关心，会说"女人要独立，可以自己照顾自己"；男友出轨，会说"有什么大不了的，男人都靠不住，女人只能靠自己"；丈夫不负责任，会说"我可以独自抚养孩子"。这背后的逻辑，可能是她们在想："之所以是这样，可能还是我不够独立，或者我还做得不够好吧？"

假性独立是如何形成的

首先是早期的创伤经历使之无法建立信任。

精神病学家和心理学家约翰·鲍比（John Bowlby）在他的依恋理论中指出，幼儿需要与至少一个主要的照顾者发展一种关系，以便正常开展社交和发展情感。不安全依恋的形成则与母亲或重要养育者不恰当的回应方式有直接的关系，这些不恰当的回应方式也是造成心灵创伤的来源。

婴儿会从妈妈的眼中看见自己，也通过妈妈来感知这个世界。如果妈妈是抑郁的，整天板着脸，就可能错过与小婴儿眼神交流互动的机会，切断了小婴儿连接的渴望。

有的母亲期待孩子早日独立。即使婴儿撕心裂肺地哭叫时也对他置之不理，直到他自己哭够了才平息下来；婴儿感到饥饿本身有着自己的节律，妈妈忽视婴儿的需要，按照自己的时间节点安排喂奶，结果小婴儿在需要满足时无法得到满足，在不需要的时候却被强行喂食；妈妈刻意训练婴儿独自入睡，但小婴儿根本没有能力安抚自己的焦虑与恐惧，等等。这些刻意的独立性训练，可能会给婴儿带来创伤性体验。

这些没有被满足的需求，可能使婴儿发展出一套自救的策略，形成一种夸大的能力或幻想，认为自己不再需要依赖抚养者：自己有能力自我满足。如果父母还鼓励婴幼儿独立，希望他们自己待着不黏着父母，那么很可能，孩子就会呈现出"假性独立"。

在心理咨询中，我发现那些早期被父母严重忽视的孩子，就像前面提到的"小大人"，似乎是在没有庇佑的环境中独自长大。他们觉得连自己的父母都无法依靠，那么这个世界能依靠谁呢？他们无法信任这个世界，内心总是非常不安，也就会回避与人发生有深度的、真实的联结。

其次，没有建立起一个"安全基地"。

每个人在成长过程中都在努力建设自己内在的安全基地。这个基地就像一艘航母，孩子可以飞到很远的地方，当油量不足时他可以返回基地加油，继续远航。同样地，小婴儿一开始就有独立的愿望，他会对世界好奇，有探索的愿望，会挣脱母亲的怀抱。但当他害怕时，他会回到最初的安全基地，回到母亲的身边。当孩子可以独立行走时，他会跑得稍远一些，不过在离开母亲后，他会回头看看母亲，确定母亲是否在那里。

在成长过程中，我们会不断内化母亲存在的意象，并带着这份爱与温暖离开原生家庭。当我们遭遇挫折失败、遇到困难时，我们知道自己可以回到那个安全基地疗伤，这一种疗愈有时是在现实层面发生的，比如创业失败后返回父母身边待一段时间，补充"能量"后重新出发；有时是在心理层面发生的，就是想起父母曾经给予的支持与鼓励、教诲，凭借这些力量重新振作起来。

当我们缺乏这样的安全基地时，就会像无根的浮萍，心无处安放，焦虑与不安将常伴左右，外在表现就是无法与人建立信任的关系，无法发展长期而有深度的关系，在职场中表现为不停地换工作或转换行业。内在的不稳定，会让他们始终处于动荡之中。

最后，发展出以"假性自体"为基础的生存策略也会让人假性独立。

"假性自体"这个概念是由客体关系理论的先驱，英国儿童心理学家、精神分析学家唐纳德·伍兹·温尼科特（Donald Woods Winnicott）提出的。

真实的自我会让人感觉自己是真实存在的，有着对世界和他人真实的感受力。这种真实的、生动的经历，让人更能够和他人发生真诚的联结，更富有创造力，情感更具丰富性，也充满了活力。

假性自体是人们为了服从他人的期待而发展出来的一种防御式的，面具式的自我，外在表现就是程序化的、刻板的友善，假性独立，以及与人建立起来的假性亲密关系。

假性自体发展出来的亲密关系，也就是潜意识地创造了虚假的关系，防止与他人太过亲近，以避免融合的焦虑。在这种假性亲密关系中，给予和接受都被认为是一种威胁，期待和需求永远不会得到满足，因为双方都不能坦诚地去接受或表达自己的真实的需要或愿望。在这种令人窒息的情境中，健康和爱的关系根本无法发展。

假性独立虽然可以让一个人努力奋斗，获得事业上的成功，却很难在情感上得到满足。因为他们从未体验过真实爱的情感，也就很难给出爱与关怀，往往是通过金钱或某些程序性的行为来表达爱，比如为你花钱，为你办事，但就是无法付出情感，所以关系只能维持在表层。

另外，假性自我就像戴了一个面具，时间久了，很难区分哪个是真实的自我，哪个是虚假的自我。因为对自我缺乏准确的认知，不知道自己真正想要的是什么，就很容易陷入一种无意义感、无价值感。而通过取悦他人获得的关系，也会因为担心别人不满意而去加倍地付出，忽略自己的需要，无法从关系中获得滋养，从而陷入让自己耗竭的恶性循环中。

如何改变假性独立

摘下面具，走向成熟独立的自我

分析心理学的创始人荣格认为，人格面具代表人的社会性，是人在社会化的过程中形成的、与社会环境相适宜的心理模块。每个人都有多重人格面具，在不同的场合、面对不同的人、从事不同的活动、扮演不同的角色时会使用不同的人格面具。

成熟的自我，不仅可以在不同的人格面具中灵活地转换，还可以在面具与阴影中自由切换，而不是使用一种僵化的模式来应对所有的场景与关系，或者不敢展现自己的阴影与脆弱面。

一段深度的关系，就是允许对方看见完整的自己、真实的自己，摘下面具的自己，允许自己将阴暗面、阴影呈现在对方面前。

现在，请你放下面具，做一个真实的自己，因为真实是最有力量的，真实，让一个人得以完整。

在稳定、安全的关系中学习

假性独立的人最大的困难是无法信任他人，不敢在关系中冒险，无法承受不确定性。这种情况下，可以尝试在一段稳定的关系中学习改变这个部分。我的一位男性来访者因童年遭受忽视、受到过语言暴力，性格开始变得十分冷漠。他的妻子在婚姻关系中感到非常痛苦，后来通过学习心理学，尝试着去了解他、理解他、包容他、接纳他。慢慢地，他开始意识到自己在人格方面的缺陷，并在妻子的建议下开始了心理咨询，结果二人的冲突减少了，亲密感增加了。

除了亲密关系，还可以通过某些团体，比如在一些心理成长小组、读书小组、兴趣小组中通过持续地练习，学习如何与人建立信任的关系；学习打开心门暴露自己的脆弱；学习共情；学习去依靠一个团体，让自己活得更真实、更通透。

假如你暂时还没有找到这样的一个团体，你也可以找一位心理咨询师，尝试在咨询师的陪伴下，发展出有深度的、治愈性的、真实的、值得信任的关系，并把这样的一些矫正性体验带入自己的生活。

超越独立，建立既独立又依赖的关系

最完美的关系是"敢于在爱人的怀里孤独"，也就是在关系中，我既可以享受孤独，也可以享受亲密，我不会因为融合而失去自我，也

不会因为独处而失去关系。

内心的独立与自由，可以让人更敢于去信任一个人，依赖一个人。因为即使失去，他还有自己，或者说他的自我足以支撑自己。

信任的关系就像母亲给孩子留的那一盏归家的灯，游子知道，无论何时，无论成功与失败，无论别人怎么评判自己，只要愿意，都可以随时踏上归途，回到温暖的家。

▶ 3 升华——
一种更为高级的防御

THREE

　　当我们的人格较为成熟，并且具有较强的自我功能时，就会发展出更多的具有创造性的防御方式来适应生活，这不仅会让自己更具适应性，而且还会给他人带来价值，为人类共同的精神财富做出贡献。

3.1　幽默——人际关系的润滑剂

幽默是痛苦的另一种视角

　　幽默是人际关系的润滑剂，可以化解冲突；幽默是苦闷生活的解药，可以使人云淡风轻地面对困难；幽默是失败后与自己的和解，在自我否定中找到存在感；幽默是面对不公的安慰剂，可以轻松化解内心的愤懑；幽默是一种乐观的处世哲学，可以应对人生中的不完美；幽默是反击的工具，可以让人获得心理上的优越感。

　　我们这里谈到的幽默，是一种在认清生活的真相后，仍然热爱生活的人生态度，是一种从容应对生活中问题的处事方式，是一种放下人生枷锁后的轻松。

著名剧作家萧伯纳曾说："幽默就是用最轻松的语言，说出最深切的道理，表面很可笑，如果继续挖掘，我们将会心一笑。"而综艺节目导演、即兴喜剧及脱口秀老师李新说："幽默就是从一个有趣的视角来讲述痛苦和真相。"

我常常告诉我的来访者一句话：你的人生底色是灰色的，那么，着色盘就在你的手中，你要如何在人生这幅画布上挥洒出绚烂的色彩呢？当我们能够有更开阔的视野，具备了更多的灵活性，我们也就能从另一个视角去看待人生中的痛苦，看清生活的真相。

幽默不是对事实的否认，而是在经历过痛苦之后的接纳，将痛苦当作了人生宝贵的经验后，我们便可以着眼于此时此地，并面向未来。

自嘲是坦然接纳自己的艺术

自嘲是指向自己，尤其是拿自己的弱点、缺点来说事，但它至少有以下几个好处。

第一，克服自己的羞耻感。

曾经有一对夫妻来找我咨询，他们觉得彼此无法好好说话。丈夫说自己与妻子之间有很多谈话禁区，比如不能在妻子面前老提自己的妈妈，自己老家的事情不能讲，自己的工作不能聊，甚至某个词语都不能提，否则妻子就会大发脾气。

我们知道，关系中话题的禁区越多，双方就越不自由。而对于个人来说，令自己难堪、羞耻的部分越多，自己就越拘谨、不自在，而且还会非常敏感。比如你为自己的某个缺点感到自卑，那么别人一提到这个话题，你就会感觉自己被贬低，这就是我们常说的玻璃心。

假如可以利用这个缺点自嘲，就好像自己亲手拆除了这个炸弹，再有人用这个缺点来贬低你，你就不会产生非常强烈的愤怒了。

当我们能发现自己的弱点，并正视自己的弱点和脆弱之处时，我们反而会得变得更勇敢。实际上，越不怕暴露自己的弱点，越不怕袒露内心真实感受的人，内心就越强大，别人也就越难以伤害到他。

在人际关系中，我们很害怕别人利用我们的弱点来攻击自己，往往会刻意隐藏自己的弱点。而当我们对自己的弱点经历了自我反思与接纳，可以拿这些弱点调侃自己时，别人就很难再伤害我们。所以，先将自己的弱点暴露出来，实际上是放下面子，给自己一个台阶下，用另一种方式在保护自己。

第二，提高自己的抗挫力。

自嘲，会提升你在遭遇挫折后的复原力，当再遇到类似打击时，你就能很快恢复过来。因为处理挫败感的成功经验，会让你变得越来越自信，逆商也越来越高。

在一些公开的演讲中，那些成功人士在讲自己的故事时，往往会谈到自己是如何失败的，在人生沉入谷底之后如何慢慢站起来的，这会让听众觉得原来成功的人也曾经遭遇过很多失败，那么，我是否也可能跟他一样通过努力获得成就呢？这样就会产生共鸣，而对于讲述的人，更是越能讲述自己的失败，就越能更快地从失败中出走出来。

第三，在心理上获得优越感。

自嘲常常把自己的姿态放得很低，从而让对方容易滋生某种优越感。

但其实，因为幽默常常包含多层转折，对方可能当时根本没有反应过来，等到回过神时已经失去了回击的机会，这时，自己在心理上也同样会获得优越感。

第四，克服假性自我。

自嘲的底色其实是痛苦，是用有趣的方式讲述真相。它会让人笑中带泪。摘下面具时才会展现出最真实的自己，人生会少了许多羁绊，不再纠结内耗会让人们放下防御与伪装，情感也会自然地流动起来。

如何提升自己的幽默感

幽默不是天生的，完全可以通过后天的刻意练习来实现。我们可以尝试以下的方法来给自己的生活加点儿幽默元素，让自己变得生动、有趣、好玩。

我们使用了那么多的防御方式来保护自己，有时付出的代价实在太大了。而幽默，可以让我们不必那么严肃、那么紧绷。正如我的一位来访者在咨询室中对我说的：快乐也是一生，不快乐也是一生，我为什么不选择快乐呢？幽默不仅可以给自己带来快乐，也可以给周围的人带来快乐。

让自己幽默起来，首先要提升自己的"钝感力"。

抑郁或者高度敏感、安全感不足的人往往会非常自卑，他们擅长拿着放大镜找自己的缺点，而这些缺点都是令人羞耻的，是不能言说的。通过钝感力练习，他们可以让自己在一些比较安全的场合中适当地暴露自己的脆弱或缺点，并不断告诉自己，没什么大不了的。越是那些让自己出丑的地方，就越是锻炼我们幽默能力的机会。

其次，列出自己的弱点清单，作为备选自嘲点。积极心理学通常引导人们去做自我肯定训练，让人找出自己的优点并记录下来，而幽默训练却反其道而行之，它让我们先正视自己的弱点，并且用重新建构的语言表达出来。

你会发现，当你用诙谐的语言说出令你窘迫的缺点甚至缺陷时，你的缺点反而变成了自己的特点，它还可能被转化成你的优势。

最后，成为生活中的"段子手"。"段子"有一个基本的结构，就是铺垫＋包袱，而铺垫就是事实部分，也就是自己无法改变的部分，而包袱是一种逆向思维、一种重新建构，导向一个与听众预期相反的方向。这种重构就给了我们一种重新演绎的思路，让我们有种豁然开朗的感觉，使我们跳出固化的思维，摆脱当下的困顿状态。

3.2 艺术表达——开启右脑的钥匙，平衡感性与理性

那些被压抑的情绪、情感总是要寻求表达，而表达的方式却千差万别，有的人会用行动去表达，比如对某人不满意，会直接拳脚相向；有的人会用躯体症状的方式去表达，比如小孩子用生病的方式来吸引父母的关注；有的人通过语言表达，就像前面提到的幽默，通过自嘲

或反驳的方式表达攻击；还有的人则通过艺术创作来表达内心的悲愤、忧伤、喜悦等情感。相较于行动与躯体化的表达，艺术表达是一种更为高级、更为健康的表达方式。

从防御的角度来看艺术表达，我们并不局限于严肃的艺术创作形式上，涂鸦、拼图、填字、书法、涂色、玩泥巴、拼乐高、布艺、把玩收藏品、调制鸡尾酒、收纳甚至游戏，都可以是艺术表达的方式，可以让我们沉浸其中，获得心流体验。

本节我们还是从比较主流的艺术表达方式——绘画、音乐、舞蹈、文学、电影等方面来逐一展开叙述。

绘画

绘画是人类共通的语言，于画者而言是一种情感与情绪的表达，于观者而言是被画中表达的情感所触动，从而会在画者与观者之间产生情感的共鸣与碰撞。

绘画让人们摆脱外在物质的匮乏，建构丰富的内在世界

根据法国女画家萨贺芬·路易斯（Séraphine Louis）的生平拍成的电影《花落花开》，真实地再现了她坎坷的一生。可以说，萨贺芬是一个用生命绘画的人。

在现实生活中，她是一个干粗活的女仆，每当她拖着疲惫的身子蜷缩在自己的小房子里时，就会开始绽放灵性的部分。

她的内心极为纯净，不争、不怨、不怒，还总是露出孩子般的满足。生活在社会最底层的她，在自己的世界中无比快乐，而让她快乐的秘密武器就是画画。她没有什么功利心，从没想过要将画卖给谁，没想过要成名，仅仅是专注于绘画本身，将人与画融为了一体。

她从没有学过绘画，没有经过任何工笔的训练，只是用最天生自然、原始纯真的感觉去作画，让自己的生命绽放出光彩。

我们面对苦难与创伤时，可能会感到世界如此不公平，让我们受苦，让我们备受煎熬，但将这些内容通过绘画表达时，苦难和创伤反而可以变成宝贵的资源。

绘画帮助人们建立自信，遇见更好的自己

我有一位 16 岁的小来访者因为抑郁来求助。孩子跟我说，学校现在是每周一次测试，每次测试都张榜公布成绩，这让她非常紧张。一旦落到后面，就免不了受到老师的批评，在同学面前抬不起头来；回到家后，妈妈总是会把自己跟她同事的小孩相比较，压得自己喘不过气来。因为成绩下滑得厉害，她连自己最喜欢的漫画书都不能碰了。她感觉自己太糟糕了，越是这样越学不进去，经常大脑一片空白，看过的知识一点儿也记不住。

在后来的家长访谈中，妈妈意识到自己给孩子造成了很大的压力，而这些压力根本无法转化为动力。我告诉妈妈，漫画是孩子寻找到的自我减压的工具，而这唯一的乐趣现在也被剥夺了，孩子的情绪调节能力会更弱。妈妈在咨询后做出了改变，她鼓励女儿在不开心的时候画画，女儿的脸上渐渐有了笑容。

高考时，小女孩以专业成绩和文化成绩在全省均排名前 50 的成绩，考上了一所全国重点大学的设计专业，画画让她重新找回了自信，考上了大学并选择了自己喜欢的专业。

一个人如果在自己的某个兴趣，比如绘画上获得认可，有了自信，这种自信会迁移到其他方面，带动其在新领域的学习动力，这就会形成一种良性的循环，从而促进一个人的改变。

为什么绘画可以疗愈

脑科学认为，人的左脑主要负责逻辑思维、语言、分析等理性认知的功能，而右脑主要负责艺术、感受、情绪等感性的功能。绘画等艺术表达方式正是运用右脑的功能，去处理我们的情绪，帮助我们去表达那些无法用语言表达的内容。

用左脑的钥匙打不开右脑的锁，而包括绘画在内的艺术方式就是打开右脑的钥匙，尤其是对于左脑的思维能力还比较薄弱的孩子，更需要帮助他们运用这些艺术工具去宣泄情绪。

只有先处理了情绪，我们才会回归到理性层面，进行逻辑思考，最终明白自己为什么会这样，应该用什么样的方式去应对。

我们常常会说，懂得了好多道理，但仍然过不好这一生，实际上就是在左脑所管理的认知层面我们懂了，但在右脑管理的情绪层面却并没有接纳。对于左脑特别发达的人来说，很难去表达感受的部分，其实是用理智化的方式或者躯体化的方式去防御了情感。假如我们找到了一把开启右脑的钥匙，就可以使用升华了的、更为高级的方式去替代。

绘画需要我们投入整个感官系统进行体验，任何人，不管有没有受过绘画训练，都能将他内在的思考或情感冲突投射为视觉形式，通过画面表现出来。所以说，绘画是内在心理现实的投射。

通过分析这些投射，我们利用左脑的功能组织语言，将混乱的思维碎片用逻辑关联起来，形成一种新的认知，这就是心理学常用的模式：在行动中去体验，归纳总结后形成认知，然后再用认知去指导行动，此时心理学所讲的领悟与修通就发生了，会产生疗愈的作用。

其次，绘画容易让我们进入心流状态。"心流"理论的提出者米哈里·契克森米哈赖（Mihaly Csikszentmihalyi）总结了心流的成因和特征，包括以下四点。

第一是注意力。绘画会让我们沉浸其中，完全专注于这一件事情上。

第二是有愿意为之付出的目标。构思一幅画作，将自己所见、所想通过画作表达出来，即便是涂鸦这种无目的行为，也可以达成情感宣泄的潜在目的。

第三是有即时的回馈。完成画作后，我们会有一种成就感或满足感。即便是胡乱画了一通，也会感到好像内心一些混乱的东西被丢了出来，让人有一种轻松感、愉悦感。

第四是专注地做一件事情，可以暂时屏蔽或忘记其他让自己烦扰的事情，甚至达到忘我的境界。

很多心理问题的产生要么是因为被卡在了过去发生的事情上，迈不过那个坎儿，要么是对未发生事情的恐惧，对未来不确定的担忧产生焦虑。绘画可以让身体与感受回到当下，在情绪紊乱中塑造一种秩序感，让人慢慢放松，慢慢梳理情绪。

如何通过绘画自我疗愈

第一，创造一个绘画的空间。

时代发展速度越快，人的不确定感就越强烈，就会越发焦虑。我们每天会被大量的信息所包围，占据了大量的注意力。

创造一个绘画空间，其实就是创造一个跟自己独处的空间，让自己能专注在一件事情上。当外部的空间安静下来时，心灵的内在空间也会慢慢平静下来。

不需要准备一间画室，只需要有一个阳光充足的角落，在某个时间段是属于你的就可以。你可以准备一些彩色笔、几张白纸，随性地涂抹；也可以自己准备一些香氛，穿上舒服的衣服，静静地填色、临摹，让画画有着某种仪式感，让自己有准备地进入由自己创造的怡然自得的空间。

第二，用涂鸦日记记录生活。

《涂鸦日记》（*Visual Journaling：Going Deeper than Words*）是美国表达性艺术治疗师芭芭拉·加宁（Barbara Ganim）和苏珊·福克斯（Susan Fox）二人合著的一本通过绘画进行自我疗愈的书，它给了我们一个全新的视角，去观察自己，去运用涂鸦的方式处理自己的日常情绪与冲突。

涂鸦更多的是随意的、无意识的，这种未经雕琢或未经处理的潜意识中的意象则真实地表达了自己当下那些看不见的部分。涂鸦可以让我们很容易绕过那些条条框框或者限制，让自己可以天马行空地自我表达，进行恣意的情感宣泄。

涂鸦日记可以帮助我们养成观照自己的行为习惯。每天为自己准备一个固定的时间去关照自己，独自待一会儿，不需要太多的时间，15 分钟就够了。每天记录自己的情绪体验，那将成为组成我们生命的部分，可以帮助我们看见自己的生命经历了什么，也会更加珍视每天度过的时光。

涂鸦日记并不单纯地涂鸦，而是连接了身体与意象，并在回看时产生奇妙的心理体验，这样一个流动的过程，会给予自己一个"出口"、一份"营养"。

涂鸦日记会让我们发现在自己身上发生的那些惊人的变化。

日记是以时间为顺序，在人生长长的时间轴上，你以涂鸦的方式记录着自己，在翻看这本独特的日记时，你会重新经历自己那些悲喜的时刻，那将成为你一生的财富与资源。是呀，那时候那么艰难，我不是也走过来了吗？原来这样一点点小的收获就可以给我带来那么多的感动！当年我那么勇敢，那么具有创造力，我欣赏佩服那个曾经的我。

涂鸦日记让你更加珍视自己，这也是给自己准备的一份最美好的礼物。当你离开这个世界时，你什么也带不走，能带走的只有体验。所以，感受所经历过的、你的人生才会更丰富。

音乐

本节，我将通过几部电影来解读音乐可以给我们带来什么样的改变，以及它对一个人的生命来说，意味着什么。

音乐让人善良

电影《放牛班的春天》很好地诠释了音乐如何激发出一个人的善良的本性，从而让孩子懂得善良、变得善良。

才华横溢的音乐家马修，在事业低谷期，来到了一家少年辅育院，面对的是一群被家庭、社会抛弃的少年。学校对这些孩子所使用的教育手段十分严苛，而孩子们则在高压下变得更加叛逆。

马修刚来到教室就收到了孩子们的"下马威"，而马修利用音乐尝试与孩子们接近，音乐就像一把开启美好与善良的钥匙，奇迹在这一群孩子身上发生了。

英国精神分析大师威尔弗雷德·鲁普莱希特·比昂（Wilfred Ruprecht Bion）曾经提到一个阿尔法功能，也就是一个母亲的涵容能力，母亲可以接收孩子那些具有破坏性的、负面的情绪，这些情绪被称为 β 元素，母亲通过容纳与处理，比如给情绪命名，整合情绪碎片，或者理性分析并理解情绪，将其转化成可以忍受的情感体验（α 元素），并且返还给孩子。马修其实就是借助音乐，行使了自己的阿尔法功能，让孩子们变得温驯。

马修在这样一群顽劣的孩子身上，不仅创造了孩子们的春天，也迎来了自己的春天，他们都从对方的身上体会到了自己的价值感。这样一群不服管教的孩子，在音乐的熏陶下，可以整齐地唱出天籁般的歌声，让人性中的善良得以重现。

音乐是连接心与心的桥梁

在电影《如晴天，似雨天》（*Like Sunday，Like Rain*）中，23 岁的

埃莉诺与男友分手，又失去了工作，困顿中的她急需在这个城市找个落脚点。机缘巧合之下她去给一个 12 岁的富人家男孩雷吉当保姆。短短 3 个月时间，二人建立起了一种超越爱情与友谊的情感，而音乐也成了他们相知的桥梁。

雷吉是个音乐神童，当他在似宫殿的家里拉起大提琴时，埃莉诺成了他唯一的听众。而埃莉诺也同样有着音乐天赋，她曾被音乐学院录取，因为贫穷不得不放弃了音乐梦想。他们在音乐中看到了彼此内心的孤独，也看见了彼此埋藏在心底的对音乐的热爱。

当雷吉说音乐已死，想放弃音乐创作与演奏时，埃莉诺鼓励他继续他的音乐梦想。当埃莉诺回到家乡时，她收到了雷吉买给她的短号，暗示她同样要遵守彼此的承诺，不会放弃音乐梦想。此时音乐响起，身处两地的两个人都奏起了熟悉的旋律，那种熟悉的温情再次涌上两人心头。

正如小男孩雷吉所说的那样："认识你真的很好。很难想象我和你只相处了几个月，却像认识了你一辈子。"如果有一个人能帮你找回生活中的热情和梦想，那么他一定是一个值得珍惜一辈子的人。

音乐与自由人格发展

表达音乐的过程其实也是一个人呈现自我的过程。但反过来看，音乐本身也有可能会改变或者重新塑造一个人的自我。

在音乐中，你会发现未知的自己，你会在暗夜里伴着某段音乐独自悲伤，即使你以为自己一直是一个非常理性的人；你会不自觉地在音乐中起舞，虽然你以为自己是一个木讷的人。这让我联想到，在网易云音乐上，我经常会选择收听一些古典音乐或者轻音乐，渐渐地它总是会推送一些类似的音乐给我，投我所好。但如果我们有意识地选择一些自己不常听的音乐，比如美国乡村音乐，是否也会拥有更开阔的视野，点燃内心的奔放与不羁呢？

实际上，音乐对心灵的疗愈有着上千年的历史。人们发现，音乐可以缓解紧张焦虑，稳定情绪，甚至有助于睡眠。人们在聆听音乐的过程中，在创作与再创作音乐的过程中，在演奏音乐的过程中获得不同的体验。可能我们大多数人没有创作才华，但我们可以通过聆听汲取营养。

写作

作家、画家、诗人娜妲莉·高柏（Natalie Goldbery）在书《心灵写作：创造你的异想世界》（*Writing Down the Bones：Freeing the Writer Within*）中说，只要一支笔、一张纸，就能释放心灵、驯服自己、转化生命。通过心灵写作，她不仅疗愈了自己，还让越来越多的人加入了自由书写的队伍，让更多的人从中受益，获得更多的能量。

写作是最动人的自我陪伴

我们动笔时，就开启了一段未知而冒险的旅程。我曾经组织很多期电影写作训练营，透过电影这个载体，学员可以自由抒发自己的情感。学员往往能在电影中看见自己的影子，当他们展开联想，并且将电影与自己的经历关联起来时，神奇的转化就发生了。

有位学员的父亲特别重男轻女，她从小受了很多委屈，因此对父亲感到不满。随着父亲的身体状况越来越差，她的内心越发焦灼。她想在父亲在世前把憋在心里几十年的话向父亲亲口说出来。她内心有一个幻想，那就是父亲会为过去错误对待女儿的方式道歉。可是，当她声泪俱下地控诉父亲当年的给她带来的伤害时，父亲竟然没有任何感觉，还坚称自己没有做错什么。

她在电影写作营中把这些苦闷写了下来，而我也成了见证者与陪伴者。随着时间过去，她笔下的父亲开始变得越来越有爱：她会仰慕父亲的才华，也感念父亲当年为她播下的文学的种子，她为自己在父亲垂暮之年仍然跟他索要一个道歉而感到内疚，这些情感都被记录了下来。这些文字成了她与父亲联结的另一种方式。原来她还可以用这样的方式与父亲对话，被卡住的情感开始流动起来。通过书写，她看见了父亲的执拗，看见了父亲的局限性，亦看见父亲也有温情的另一面。或许，她与父亲之间永远有这么一个解不开的心结，但通过书写，她真的放下了。

写作是一种有攻击性的武器

作家弗兰兹·卡夫卡（Franz Kafka）在他 36 岁时，给父亲写了一封长达 3.5 万字的信，在这封《致父亲的信》（*Letter to the Father*）中，卡夫卡用自己犀利的文笔回应了父亲的疑问：自己为什么会怕他？在身体强壮、精力旺盛、争强好胜的父亲面前，身体孱弱、敏感内向的卡夫卡是不敢这样表达的，而恰恰是文学赋予了他勇气。

在卡夫卡的眼中，父亲无疑是独断的。他在信中写道："你在精神上占有绝对优势，你完全凭自己的本事干成了一番事业，因此，你无比相信自己。只有你的观点是正确的，任何其他观点都是荒谬、偏激、疯癫、不正常的。你是如此自信，根本不必前后一致，你总是有理。"

他痛陈父亲对自己的压迫，这形成了他性格中的自卑、懦弱与自我怀疑的部分，成年后他仍然无法摆脱父亲的阴影。在现实层面，他也无法与强大的父亲对抗，却一次次将父亲的形象写进了他的作品，并且一次次透过小说中的人物摆脱父亲的控制的描述来抒发感情。虽然这些人物的摆脱最终都以失败而告终，但从另一个角度来看，这何尝不是对父亲的对抗与反叛？此外，他通过文学创作来表达对父亲的愤懑，以文学作为武器，这让他获得了远超父亲的巨大成就。

写作是改变命运的方法

出生湖北农村的余秀华因出生时倒产缺氧身患脑瘫，这给她带来很多影响，包括对人生的选择权。高中毕业后，她在家人的安排下结婚生子，拥有了一段被她称为"令人悔恨交加"的婚姻。

余秀华从小就有通过写作来表达自己的愿望，不过她身患脑瘫，每写一个字都非常吃力，后来她选择了用最少的字，也就是诗歌来表达情感。就这样一直写一直写，她写了 16 年。

余秀华说，于我而言，只有在写诗歌时，我才是完整、安静、快乐的。诗歌之于她是什么，她说不清楚，只是当心灵发出呼唤时，它会以赤子的姿势到来，在她一个人摇摇晃晃地在人间行走时，诗歌充当了一根拐杖。

诗歌不仅给予了她一个美好世界，也为她创造了机会。如今，她开了公众号，会和网友互动，遇到恶意评论自己的人她也会反驳回去，她不再是一个胆怯懦弱的人。

是诗歌，改变了她的人生轨迹。

其实，近几年的确有很多人走上了写作变现的道路。《写作是最好的自我投资》的作者 Spenser，就是一个通过写作改变命运的人。

他在这本书的自序中写道：没有写作，我可能要多奋斗 10 年。因为不满足于现状，他辞去了在体制内当英语老师的工作，选择去读金融。在读书期间，他会把自己的所见所闻及随笔发布在他的公众号上，有时也会分享一些专业性较强的理财科普文章。毕业后，他开始从事海外理财工作，没想到，他的第一个客户居然是他公众号的读者。

写作是他的一个无心之举，当初他写作，只是为了打发一个人在外孤独寂寞的时光，却没想到这还可以带来收益。在没有任何人脉、渠道和资金的情况下，这些读者都成了他潜在的客户。在工作的第 5个月，他就赚到了人生的第一个 100 万元，在 2 年后他就年入千万了。

正是写作，让他赚到了第一桶金，成就了他今天的事业。

写作是自我救赎的方式

《活下去的理由》(Reasons to Stay Alive) 这本书的作者，英国作家马特·海格 (Matt Haig) 在 24 岁时成了一名重度抑郁症病人。同时他的强迫症、焦虑症以及恐惧症还会交替发作。

7 年的抑郁症让他备受折磨。很长一段时间内他都无法出门，连去家门口的小超市都需要做很长时间的心理建设，经常到了家门口又返回去。他常常觉得自己状态很差，觉得这个世界上没人能懂他，他越发孤独，也越发缄默。

　　而马特·海格说，谈论抑郁是有益的，文字（口头文字与书面文字）是我们与世界联结的纽带，谈论它、书写它可以帮助我们联结彼此，联结真实的自我。把它写下来，我们可以获得解脱。而正是阅读和写作让他获得了救赎。

　　马特意外地走上了职业作家这条路。他曾经出版了多部畅销小说，其中一些还被改编为了电影剧本。他的作品还获得了斯马尔蒂斯文学奖、约克郡青年成就奖，被译为 29 种语言。抑郁，让他发现了自己的天赋，创造了精彩的人生。

　　渡过公众号的主理人，财经记者、编辑张进曾经也是一位重度抑郁症病人，他将自己从得病到治愈的过程写成了《渡过：抑郁症治愈笔记》一书，英文书名 *"rebirth"*，意味着重生。在书中，他讲述了自己是如何经历他渡、自渡与渡人的过程，帮助了更多的有抑郁情绪的人。

　　透过不断地写作，他的内心越来越通透，就像他在书中所写的那样：抑郁症发作代表着身体在保护自我，是潜意识不愿忍受生命能量被剥夺。它提醒人们需要停下来修复，这时新的人格正在形成。

　　心理的痛被凝练成充满智慧与能量的文字，让一个身处黑暗的抑郁症病人走出泥潭，遇见了重生的自己。

电影

　　导演似乎有种天然的优势，他们能将自己所思所想、自己的价值观、自己对生命的体验、自己儿时的梦想，通过电影表达出来。几乎每一部好的电影作品，都会有其导演鲜明的个人痕迹，他们在用影像讲述着自己的故事。

《菊次郎的夏天》是日本导演北野武自编、自导、自演的一部电影。电影讲述了早年丧父的小男孩正男暑假寻母的故事。久石让的轻快的音乐，夏日明媚的阳光，大片的自然风光，以及喜剧元素，让电影充满温情与夏日的清新，这与北野武以往的电影风格有很大的区别。

北野武的父亲也叫菊次郎，他将自己内心的父亲形象搬上了银幕，似乎是对父子关系的一种反思或者新的诠释。他眼中的父亲正如电影中的菊次郎，不负责任，吊儿郎当，胸无大志，浑浑噩噩，没有出息却本性善良。

在二人相伴而行的日子里，菊次郎开始有了担当，还去看望了在养老院里的母亲。电影中的两个人物似乎都是他自己，一个展现被母亲抛弃的孩子对找回母亲的渴望，另一个展现在内心与语言刻薄且强势的母亲的和解。他通过这部电影疗愈自己，也温暖了整个世界。

现在，随着短视频的兴起，越来越多的人可以通过镜头观察这个世界，表达自己的观点，记录自己的经历，这似乎也变成了一种叙事的手段。短视频为了吸引眼球，同样需要故事脚本，需要有铺垫、转折、高潮，并最后引发反思，这让普通人也可以尝试过一把导演瘾。

3.3　其他防御的升华——创造更多个性化的方法

其实仔细观察你会发现，除了上述的几种，生活中还有很多升华的形式。

　　史蒂夫·乔布斯（Steve Jobs）是一个极度自恋而又追求完美的人，完美主义与追求极致成就了他创办的"苹果帝国"，这可以说是自恋的升华；一个人久病成医，或者为了自救而成了这个领域的专家，可以说是症状的升华；一个人小时候是个"话痨"，经常因为上课跟同学说话而被老师批评，如果好好利用他的语言天赋，他可以被培养成为一个演讲者或者脱口秀演员，这就将说话升华成了一种演说的能力。

　　澳大利亚励志演讲家尼克·胡哲（Nick Vujicic）是一个海豹肢患者，天生没有四肢。他的生活起居完全要依靠家人，这让他自暴自弃。不过之后，他开始思考如何好好地活着。当把死本能转向生本能时，他做到了很多正常人都无法做到的事情：他将自己的经历写成了书，在全球巡回演讲了上千场，激励了数亿人。如今，他不仅结了婚，还有了四个健康可爱的孩子，他用生命诠释了"人生不设限"。这似乎是将对死亡的恐惧升华成了活出生命的精彩。

▶ 4 让你的防御更具适
应性

FOUR

在本章的开篇，我想引用由哈佛大学医学院教授、精神病学家、心理学家乔治·范伦特主导的格兰特研究的成果。这项研究持续了50多年，并把研究的对象限定在了健康人群，样本为来自哈佛大学的268名躯体和精神都健康的二年级学生。在长达半个世纪的研究中，研究人员持续跟踪了每个研究对象的生活与工作成败，让我们看到了一个健康的人的心理发展脉络，以及他们如何使用各种防御去适应生活，从而获得美满而卓越的人生。

曾经担任美国长岛市市长的蒂莫西·杰弗逊就是格兰特研究的对象之一，他的生活就很好地说明了成熟的防御机制与不断成长过程之间的关系。成熟的防御机制就像一坛好酒，时间越长味道越香醇。

当年，19岁的杰弗逊一点儿也不引人注目，在研究人员眼中他并无突出之处。内科医生观察到他有些紧张、呆板、阴沉、冷漠、幼稚。精神科医生对他的评价是自制与被动，对人不太感兴趣。他情感稳定，但太过严肃，没有幽默感。

这个时期的杰弗逊使用的主要是被动、情感隔离、回避、压抑等上文提到的较为成熟的防御机制，并且他在人际关系中可能存在着一些问题。如果这么一个人出现在你的面前，你很难迅速喜欢上他。

工作成就是格兰特研究的主要选项之一，每次的调查问卷都会问杰弗逊最喜欢的工作是什么，由此可以看见他的变化。他的兴趣逐渐由事物转向人：25 岁时他喜欢"解决问题"，30 岁时他喜欢"必须做的事"，40 岁时他喜欢管理，47 岁时他喜欢上了"与人一起工作"。这个时候的他已经成长为一个幽默、善于思考的政治家，并且担任了长岛市市长。

此时的杰弗逊给人非常轻松的感觉，而且他能自如地使用幽默、利他等升华了的防御机制，他给人一种"可靠、自信、伶俐、敏锐"的印象。当年那个呆板木讷、严肃拘谨、单调乏味的少年变成了一个自信、有趣并且富有感染力的人。

杰弗逊在应对生活中的困难，比如女儿患了不治之症时，没有采用回避、否认的方式，而是可以坦然地面对不幸，表达哀伤。而在从政的过程中，他更多地使用了利他的防御，为市民服务，并努力让城市更美好。利他让他的能力与贡献获得了很多人的肯定，同时也给他带来了事业上的成功。

从杰弗逊的经历来看，一个人的防御机制是完全可以改变的，而改变的契机是原来的方式可能已经不适合当下的环境，那么就需要发展新的适应环境的能力，并且有弹性地应对生活中的困难。

其实，所有防御都是我们自己拥有的"奇门暗器"，当我们拥有了更多的防御策略，并且清楚在什么时候可以使用它们时，我们就会对环境更具适应性，在处理问题时更加有掌控感，在人际关系中也更自由。假如你有意识地使用退行、被动攻击、否认这些较为原始的防御，你仍然可以在你人际关系中游刃有余。唯有僵化的防御，才是不可取的。

4.1 识别自己的防御机制——看见即改变

如何发现自己的防御方式已经不太适用？如何识别自己使用的是什么样的防御方式？

觉察情绪与情感反应

防御机制通常是潜意识的，或者是一种自动化的反应模式，只有通过体验自我的情绪感受、他人的情绪感受以及双方的互动，才有可能觉察这种应对模式。

比如面对亲人的丧失，每个人可能都会有不同的反应。有的人表现得非常冷静克制，可以有条不紊地处理后事，他们就采用了理智化的防御；有的人情绪完全崩溃了，无法接受这样的事实，那么他们采用的就是否认的防御；有的人没有任何的情感，非常麻木，他们采用的可能是情感隔离；有的人甚至表现得还有些开心，他们使用的是反向形成的防御；有的人一下就病倒了，他们也许是使用了躯体化的防御；等等。这些反应方式可能是一种当下最适合自己、最能保护自己的选择。

我们将情绪与情感的反应联系起来，就有机会发现自己的防御机制。同时，我们可以从他人的生活经验、各种影视作品、文学作品以及亲人的反应中，去感知他人在同样情境下的情绪感受以及情感反应，让我们有机会拥有可参照的对象。

共情能力能够让人们感受他人的情绪，同时也可以反观自己的情绪与别人的情绪之间的差异。

在我们的成长过程中，总能无意识地找到那些可参照的对象。一个人有一个朋友与一个朋友都没有真的是天壤之别。为什么这么说呢？因为一个朋友都没有其实就少了同龄人这个参照物，他就像一艘在浩瀚的大海上孤独地航行的船，没有了航标，随时可能会迷失方向。

比如，你被要求做一件自己不愿意做的事情，但就是没有勇气拒绝，而朋友却可以理直气壮地说"不"。你可能就会反思自己不能拒绝的原因。也许你会有恐惧，因为拒绝会让你失去关系；你会有内疚，因为你觉得"你应当"满足别人的需要；你可能还会有愤怒，为什么别人总要麻烦你，难道是因为你好欺负。在这里，你可能使用的是被动、压抑或者反向形成的防御，而你的朋友可能更在意自己的感受，合理化地拒绝这样的行为而不必感到内疚，同时他也可能会用幽默的方式把对方的要求挡回去，这样既不会破坏关系，又不会让自己委曲求全。而如何拒绝别人或许就是你可以从朋友身上学到的另一种方式，这也是你可以成长的部分。

当然，我们不仅可以从自己的情感体验以及他人不同的情感反应中觉察防御，还能在互动中发现自己的防御。比如有位女性去朋友家玩，她已经怀孕 6 个月了，临走时朋友的妈妈叮嘱她要照顾好自己的身体，还顺带给她准备了一些营养品，那一瞬间她突然情绪崩溃了。来自朋友的妈妈的一个关心的举动，为什么就让她有这么大的情绪反应呢？原来她自己的妈妈在 5 年前得癌症去世了，在这一刻，她才意识到她好像再也没有机会被妈妈关心了，她多么怀念有妈妈疼爱的日子呀！妈妈去世这么多年，她一直压抑着自己的悲伤，没有机会去充分地哀悼。当她可以去言说失去妈妈的痛，表达对妈妈的思念，重温与妈妈在一起的美好时光，丧失的母爱就会回到她的身边。她自己也即将成为母亲，同样地，她也会把这份爱传递给自己的孩子。

觉察不适

当我们感到不适时，我们可以去觉察这个不适以及我们是如何克服这种不适感的。而当这种不适一直存在时，我们是否有能力去做出改变？

正因为我们使用了各种各样的防御机制，才得以存活到现在，所以我们也把这种应对困境的模式称为生存模式。

比如小婴儿必须通过哭声唤起养育者的注意，以此来获得生理与心理上的满足。他需要发展一种全能感，那就是"我是世界的中心，我可以通过哭声来操控这个世界"，这种控制感可以缓解他们的焦虑。同时，婴儿认为奶水充足能够满足自己需要的乳房是"好乳房"，而干瘪的不能满足自己的乳房是"坏乳房"，这种分裂的防御可以让他缓解被迫害的焦虑，从而认识到我可以拥有"好乳房"，远离"坏乳房"。在婴儿期，全能幻想与分裂是适应性的，这些防御让婴儿存活了下来。

与此同时，婴儿也会将这种全能感投射到自己的父母身上，理想化他的父母，也就是如果自己的养育者是非常强大的，是无所不能的，那么自己就能得到很好的保护。

而当一个青少年在朋友面前吹嘘自己的父母如何如何厉害时，他的同伴在有自己的判断后，会对此嗤之以鼻。这个青少年可能就无法得到群体的认同，从而引发自己的人际关系问题。

一个被当作"小太阳"、在家庭中被过度溺爱与保护的孩子，也会带着这种全能感走进学校，而全能感会让他处处碰壁。他会发现很多东西并不能按照自己的想法来，他失去了控制感，并且常常会因为违反规则而遭受惩罚。此时，他就会感到在学校中生活非常不适。

成年后，有的人在交朋友时总是在一开始时感觉这个人"好上了天"，自己简直是遇见了知音，有种相见恨晚的感觉。不过，接触了一段时间后，他只要发现对方有一点儿不好，就会立即与之断绝来往。最后他发现自己身边一个朋友也没有了，如果他在成年后仍然采用分裂的防御机制，要么全好，要么全坏，而无法把好与坏整合到同一个人身上，他就无法与人建立长期、深入的关系。

很明显，这种较为原始的防御机制在成年后的场景中不再适用，除非他们能够发展出一种新的模式。比如"小太阳"在发现这个世界并非围着他转后，学会了压抑自己的冲动，这样就能更好地适应规则，同时也可以从遵守规则中获益，那么他的模式就会发生转化，并且被重新固定了下来，形成一种新的稳定的模式。

"不适"让我们去觉察自己的防御机制，这成了促成改变的因子。那些来到咨询室寻求帮助的人，往往是感到痛苦与不适而且急于改变的人。而被动来到咨询室的人，则常常是因为他令身边的人感到痛苦，而自己却还不自知，或者不知道为什么会成为这样的人。

举个例子，一个人总是感到自己被贬低、被人看不起。当然，早年他可能因为家境贫穷，的确被人看不起过，在成年后，他就对自尊非常敏感，会非常看重自己的面子。在他的价值观里，面子大过天。别人一个不经意的眼神、一句轻描淡写的话都会让他感到自己没有被尊重，感到自己被深深地伤害了。他使用的就是非常原始的投射机制。一方面他会非常自大，觉得自己很了不起，可以看不起任何人，另一方面又有着深深的自卑。而自卑的这个部分是他无法容忍的，他就将它分裂开来，并且投射出去，将对自己的不接纳转化成了别人看不起他。

当他发现这种投射的方式总是让他误解别人，让关系无法维系，而他又非常渴望交到朋友时，这种冲突就会给他带来不适。这时，他就有机会去反思自己的防御机制，尝试与朋友真诚地交流，并且不断去澄清，那么以后他就不会再使用投射这种防御机制了。比如，他可以用合理化的方式来说服自己：朋友刚才那句话并不是针对我，他说话就是那个样子，我观察过，他对其他人也是一样的。当然，当他对自己更了解，对自己的很多方面更接纳、更认可时，他也就能更客观地看待别人的评价，甚至用更为积极的视角去看待别人的反馈。

透过心理分析

分析工作是建立工作联盟之后，精神分析师对来访者展开的工作。精神分析师通过自由联想与梦的工作，帮助来访者看见自己的模式，以及这种模式是如何形成的，给他现在的生活造成了什么影响。分析师常常会把当下的现象与过去的某段经历、某个互动、某个经验、体验相联系，并且做出诠释，让来访者对自己感到好奇，激发来访者的探索欲望。

一个人的行为习惯、思维模式以及所使用的生存策略（防御机制）不是一天两天形成的，所以要做出改变也不可能是一蹴而就的。行为上的改变可能需要刻意练习，就像一万小时定律一样，达到了某种熟练程度，形成了某种定势，新的习惯就养成了。思维模式的改变需要不断补充新知识，提高自己的认知水平，与旧的信念辩论，形成一套批判性的思维模式。而防御机制则需要在情感层面有更多的体验，获得矫正性的情感体验，才有机会发展出新的生存策略。

4.2 防御机制的松动与改变——寻找更具适应性的方法

当我们感到不适时，就是潜意识在发出信号，告诉我们是时候尝试改变了。如何改变呢？如果我们从系统的角度来看，通过分析所获得的领悟必然会带来认知与行为上的改变。反过来，从行动上入手，并且始终保持着觉察，这又会给我们带来新的认知与新的经验，这实际上是一个循环。当这些内在的改变被外化、被记录、被可视化，就像电脑软件升级一样，可以不断地修复漏洞、减少耗散、提高运算速度，一个人的内在结构也会发生变化，减少冲突与内耗，工作生活将更高效。

我们在日常生活中并非只使用某一种防御，实际上往往会使用一组防御，我们把这一组防御称为防御丛，也可以说是在应对问题时的一组组合拳。比如前面提到的亲人丧失的例子，可能有的人会同时使用如理智化、情感隔离、躯体化等防御。这也不难理解，因为当面临巨大的、排山倒海般的痛苦时，人们为了避免情绪决堤，可能会拿出一整套看家本领。如果这个人有机会通过书写、讲述以及心理咨询完成哀悼，那么他就有可能将原来使用的理智化、情感隔离、躯体化的防御调整为升华和利他等防御，并且从中获得新的生命体验，创造生命的意义。

布莱克曼教授总结了101种心理防御机制，而实际上心理防御机制远远不止这么多。比如安徽省精神卫生中心主任医师、安徽医科大学医学心理系教授李晓驷教授就提出了一个值得讨论的话题：考试成绩拔尖，是否也是一种心理防御机制？循着这样的思路，我们是否也可以发现更富有创造性的防御，来替代过去僵化、单一的防御，让我们的生命的底色变得更丰富，从而轻松驾驭方方面面的困难？

手写日记

1994 年，微软公司创始人比尔·盖茨在拍卖会上，拍下了一本有着 500 年历史的日记，支付了 3080 万美元的天价。这本日记的主人就是大家公认的天才达·芬奇。日记里记录了达·芬奇的奇思妙想、创新发明和科学突破，包括了创意的详细图纸，这些想法领先了他那个时代数百年。

我们会发现，那些有着精彩人生的杰出人士都有写日记的习惯。包括伟大的发明家爱迪生、进化论的创始人达尔文、著名的心理治疗师卡尔·荣格以及精神分析创始人弗洛伊德等。

受到写日记的启发，美国心理学教授潘尼贝克（Pennebaker）开创了一种写作手法，被称为表达性写作法。研究发现，写作时，我们的大脑额叶会被激活。这一区域控制着较高级的心智功能，比如问题解决、自发性、语言和记忆等。

手写日记可以说是一种与自己对话的方式，它可以将我们的情绪外化。手写日记心理疗法的发明者发现，只需要一支笔、一个本子，每天手写 15 分钟，就可以改变身体的化学反应。写作过程，就像在心理治疗中的谈话，促进我们的反思，把那些压抑、混乱的心理内容表达出来，从无序走向有序。

手写日记如何改变防御方式

第一，净化负面情绪。

日记写作的作用与宣泄疗法非常相似。人们将感受写下来，可以释放愤怒、沮丧的情绪，它被称为自己的治疗师。而且它不需要预约，不需要支付费用，它在任何时候都陪伴着你。

凯瑟琳·亚当斯（Catherine Adams）将她的日记称为"79 美分治疗师"。她说："近 30 年来，我一直都在看同一位治疗师。凌晨三点，在我结婚的那天、在圣诞节、在旅游度假地，我都会拜访我的治疗师。我可以对治疗师无话不说。我的治疗师安静地倾听我最隐秘的内心、最离奇的幻想、最珍视的梦想。无论说什么，它都会全盘接受，没有意见，没有评判，没有报复。"

这样的书写，可以释放压抑的情感，让我们尝试不回避痛苦，鼓起直面困难的勇气。

第二，让我们反思、分析、理解人生经历。

动力取向的咨询师在职业发展过程中需要去做自我体验，也就是个人分析，在分析过程中了解自己，处理自己的情结，这样才能更好地帮助来访者。而精神分析的"祖师爷"弗洛伊德自己却从未找人做过分析。实际上，他是通过写作对自我进行分析的。他在《梦的解析》中分析了自己大量的梦，其中有非常多的自我暴露，包括他的嫉妒、对同行的攻击等。基于这样的分析，他对人的精神世界有了更深刻的了解。

书写可以让我们有意识地分析和反思人生中发生的事情，从中找到解决问题的办法。这也是认知再加工的过程，甚至是一个再创作的过程。通过自我探索，寻找解决的方案，甚至改写我们的经历和感受，构建一个新的故事。它还可以帮助我们将那些感性的内容，转化成理性的内容，甚至可以将那些吞噬我们、影响我们的负面的情绪升华为艺术创作。

曾经有位朋友跟我分享书写给她带来的神奇的体验。有一次，她与朋友之间产生了一些误会，当时她感到非常气愤，想通过微信向对方发泄一通。结果她写完了想说的一大段话后，发现自己的气已经消了。这段文字最终没有被发出去，她改用一种相对平和并且简短的语言表达了自己的态度，有礼有节。这个过程就像使用了一次自我的阿尔法功能，将大量不能容忍、强烈的、破坏性的 β 元素，通过书写转化成了可以被理性表达的 α 元素。

第三，反复暴露可以减少伤害。

通过日记反复记录痛苦难忘的创伤性经历，可以减少这些经历所带来的强烈痛苦的体验。心理治疗中的暴露疗法，就是让自己逐级暴露在令自己恐惧的情境下，从而达到脱敏的效果。不断地书写，就是在重复地言说，一点点地触及内心最深处的伤痛。当年我的父亲突然离世，这让我在将近一年的时间里都处在极度抑郁的状态，我在个人体验时，在成长团体中，在与朋友的交谈中，在日记里不断地讲述丧失的痛苦，这种反复的暴露，让我感觉伤口在一点点地愈合，再次提起父亲时，我不再流泪，不再那么痛，而是感觉有某些温暖的东西在拥抱着我。

当然，这种自我暴露也会有些危险性，可能会让自己持续地陷在悲伤里无法走出来，此时就要停下来对外寻求帮助。所以，在记录这些创伤性经历时，我们首先要在一个相对安全、安静的环境进行，身安才能心安。另外，书写时也可以限定时间，时间到了就停笔，告诉自己，明天我还有机会继续写。这样可以把自己从情绪失控的状态中拉回来，从过去回到当下。

第四，通向我们的内在声音。

书写是与自己的内心对话。我们的内在可能有不止一种声音，比如在做出选择时，我们一方面有本能的需要，一方面又有严苛超我的限制；一方面是严厉的父亲反对的声音，一方面是慈爱的母亲支持的声音，通过不同声音的对话，我们可以尝试处理冲突，完成自我的内在整合。

我们可以设计自己的内心独白，也可以把那两种不同的声音都纳入进来，自己可以先让 A 充分地表达，然后接下来站在 B 的位置上表达。这样的对话就会扩展自己的视角，练习换位思考，从而拨开迷雾，听见自己内在最真实的声音，并且做出最遵从内心的选择。

第五，创造可视化的过程。

比如当你回忆起与初恋相爱时的浪漫场景，你会写到相遇时的羞涩、内心的悸动、身体触碰与抚摸的感觉，此时，你会调动所有感官去写作：

我看见……

我听见……

我闻到……

我触碰到……

我尝到……

当跟随感觉书写时，那个在初夏的恋爱场景就像在眼前重现了一般，而你其实已经身处其中了。当这些心理剧被你搬上银幕重演时，一定会有新的体验发生。

即使你因为失恋感到被抛弃，对恋人恨之入骨，但当书写相识的场景时，某些甜蜜温暖的东西又会浮现，你可能会感恩曾经有一个人出现在你的生命里，也感恩那些曾经给你带来美好的东西，你失去的只是曾经与恋人在一起的自己。

第六，给予自我肯定的机会。

无论你有什么样的理想与抱负，只要肯花时间写下来，就会增加实现它们的可能性。而这些成功的经验，也成了自我肯定的来源。

自我肯定可以帮助我们应对创伤和压力，可以帮助我们提升自尊。通过手写日记记录下那些通过自己的努力取得成就的事件，会让我们对自我有一个更为客观、积极的认识。

近几十年来，世界各地的研究人员发现，手写日记可以对我们的人生的方方面面，产生具体、可预测、可测量的影响。手写日记可以改善人际关系、提高沟通技巧、管理情绪、明确目标、增强工作记忆、提升自尊、提高写作技巧，同时还可以提高工作效率以及改善健康状况。

通过手写日记，我们可以进行时间管理、目标管理、效率管理、身体管理。手写日记让我们看见自己、懂得自己、了解自己、改变自己，它为我们找到了通向成功与幸福的方法。

如何开始手写日记

准备一个你喜欢的笔记本和一支书写顺滑的笔，找一个安静的环境坐下来，开始写。给自己设定 15 到 30 分钟的闹钟，只要动笔就不要停，想到什么就写什么。

你也可以在写之前创造一种仪式感。比如泡一杯茶、洗个澡，或者弄点儿香氛，换上舒适的衣服。在写之前记下你现在所在的位置、今天的日期、现在的时间以及天气等。

手写日记不用带着任何的功利性，比如提高自己的写作水平或者今天要写多少字、一定要写出什么内容来等，也不要期望写完就立即能得到回报。若开始前有了目的，就会在无形中给自己增添了一些压力。

现代人非常习惯使用电脑，当然用电脑写日记也会有一定的效果，不过，手写会更容易让我们进入潜意识状态，而且笔迹的轻重、笔画、笔误等都可能对你有着不同的意义。当然，不必拘泥于是否有错别字，一时记不起写法的字也可以用拼音或者符号代替，避免思绪中断。不过，即使思绪中断，也可以重新开始。如果有停顿，也可以看看自己究竟卡在了哪里。也许那是你有新的发现的重要时刻。

写日记并非是记流水账，因为是内心的对话，你写出来的内容不需要交给别人来评判，所以你只需要对自己负责，看看写出来的是否是你内心真实的声音，是否对你很重要，这些内容给你带来的感受是什么。

如此，先坚持 100 天，看看会发生什么？你对自己是否有新的发现？

认知

训练双重感知的能力——用更大的视角看待问题

已故中日友好医院心理医生、中央电视台《心理访谈》节目心理专家李子勋老师在谈到"多面性"思维时说："不能把自己感受的东西强加给别人，应该好奇为什么别人眼里的事物是不同的。"这实际上是在用一种多元文化视角来解读生活中的困难，看见更多的可能性。而多面性的思维可以从训练双重感知能力上着手。

一个事物总是有其两面性，就像硬币的两面。尤其是在面对生活中的困境时，我们往往只是聚焦在困难的部分，却忽略了积极的一面。

Meta 首席运营官谢丽尔·桑德伯格原本有一个幸福美满的家庭，丈夫的突然离世让她痛心不已，情绪崩溃，她根本无法继续工作。她在《另一种选择》(*Option B*) 中写道："我被空虚占满了——巨大的空虚占据了我的心脏、我的肺叶，限制了我思考的能力，我甚至无法呼吸。"在朋友亚当，同时也是沃顿商学院的心理学家的帮助下，她看见了另一种可能性，培养了自己的复原力，让自己逐渐从创痛中走了出来。

创伤后的成长会以五种形式存在：发现个人的力量、学会感恩、建立更深层次的关系、找到更多的人生意义以及发现新生活的可能性。这也是创伤的意义、生命的馈赠。我们在一生中可能无法避免不幸的发生，但我们却可以从这些不幸中获得成长。双重感知的能力让我们在痛苦中获得力量，把不适转化为力量之源。

　　获得双重感知的能力，可以让我们对发生在自己身上的事情给予积极赋义，这也被称为阳性赋义，就是我们总可以赋予消极的事件以积极的意义。比如对于失眠，也可以说"白天太精彩了，以至于你舍不得睡去"。

　　其实，生活中的很多事情，只要你有心，总是能找到它的好处。比如我们在心理咨询中经常提到，症状是有功能的：可以理直气壮地不上学、不上班，让家人给予更多的关心与照顾，让家庭成员之间的关系发生改变，等等。这也是在用积极的视角去看待症状，当我们不那么急于消除症状时，症状可能反而会减轻。所以，有意识地去训练这样的思维，可以提高我们的双重感知能力。

　　丰田汽车五问管理法——探索情绪的内核及核心模式

　　五问法最初是由丰田公司提出并用于管理实践中的一种方法。在一次例行的检查中，丰田公司的管理人员发现机器停了，然后通过下面五个问题找到了解决的办法。

　　第 1 问：为什么机器停了？因为超负荷，保险丝断了。

　　第 2 问：为什么超负荷？因为轴承不够润滑。

　　第 3 问：为什么不够润滑？因为吸不上油。

　　第 4 问：为什么吸不上油？因为机器磨损、松动。

　　第 5 问：为什么会磨损？因为没有装过滤器。

　　最终，通过给机器装上过滤器解决了问题，用极低的成本避免了更大的损失。

　　丰田汽车五问管理法给了我们一个新的思路，那就是如何对朦胧不清的情绪进行挖掘。我们总是被各种情绪所困扰，但往往无法清晰地表达情绪，也无法给它命名，此时最有力的武器就是问为什么。

提问还可以帮助我们发现我们的人际关系模式。

比如电影《被嫌弃的松子的一生》中有这样一个场景，贫困潦倒又患上了精神疾病的松子，在医院里遇到了曾经的好友，当好友认出她来并上前打招呼时，她却像见到了鬼一样，仓皇而逃。

为什么松子想要逃走？因为她不想麻烦别人。

为什么不想麻烦别人？因为她认为自己不值得被帮助。

为什么觉得自己不值？因为她有非常低的自尊。

为什么会有低自尊？因为父亲小时候用忽视她、贬低她的方式对待她。

为什么这些方式影响了她的一生？早期被对待的方式会形成讨好的模式，让她一步错、步步错，等等。

调整固化的思维模式——将固定型思维转化为成长型思维

斯坦福大学心理学家卡罗尔·德韦克（Carol Dweck）博士是人格心理学、社会心理学和发展心理学领域内公认的杰出学者，她在《终身成长》这本书中提出了两种思维模式：一种是成长型思维，另一种是固定型思维。

拥有成长型思维的人认为，失败仅仅是一种行为。而拥有固定型思维的人则认为，失败就是给自己贴上了一个失败者的标签，代表自己永远都是一个失败者。

成长型思维的人遇到挑战会更加兴奋。他会积极开发身边的资源，加倍努力以克服困难。即便挑战失败，他也能够在失败中总结经验和教训，并把它当作人生重要的经历。固定型思维的人在遇到困难时，就会对这件事情失去兴趣。当看不到成功的希望时，他最终会选择放弃。即便离成功只有一步之遥，他也无法坚持，最终会与成功擦肩而过。

改变一个人命运的是思维方式。成长型思维可以帮助我们发现自身的优势，对未知保持好奇，愿意去尝试新的机会，并且努力达成自己的目标。无论是在亲密关系中，还是在职场中、在亲子教育中，还是在企业管理的过程中、在成为冠军的道路上，这种思维模式都会让我们成为我们想要成为的那个人。

行为

相较于认知以及过去多年形成的心理运作模式，改变微小的行动是最容易的。而行动的改变可以带来不同的体验，体验会改变认知，这个小小的行动上的改变就像蝴蝶的翅膀，有可能会带来系统性的改变，让我们的防御做出相应的调整，从而促进人格的改变。

行为改变人格

心理学上一直有一个争论，人格的形成是由基因决定的还是由环境决定的？如果是由基因决定的，那么每个人对于改变都是无能为力的；如果是由环境决定的，那么人们就还有很多改变的机会。一个人的人格就像房子，需要有四根柱子来支撑：家庭、关系、工作、兴趣。这四个方面都可以通过行为来改变，让自己的人格基础更加稳固。接下来，我们来看看如何通过行动在这四个方面做出改变。

　　谈到家庭，通常是指原生家庭，改变原生家庭、改变父母似乎是不可能的。其实，早年家庭的养育环境的确会对我们今天的人生造成巨大的影响，不过，如果我们只是抱怨，那么生活不会有任何改变。作为一个成年人，是时候为自己的人生负责了。一个人只要最终能活下来，即便父母再糟糕，他们也一定给了他一些有营养的东西。我们能做的是去尝试理解他们为什么不能好好地对待自己的孩子。或许他们小时候也没有被爱过，他们的内心也有很多的创伤，他们没有准备好做父母，也没有学会如何做父母。当看到他们的局限性，看到他们成长中的不容易，或许我们也就能够停止抱怨了。另外，当我们重新建立家庭时，我们可以在自己的亲密关系中去修复早年的创伤，这是生命给予我们的一次机会，也是可以通过行动去改变的。有的人生孩子后，开始跟父母冰释前嫌，甚至在照顾自己孩子时获得了滋养，自我的成长让代际创伤不再发生。

　　支撑成年人格的发展的第二个重要支柱是关系。除了亲密关系（这里主要是指与父母的关系、恋人关系以及亲子关系），我们还需要拥有朋友，这不仅是我们的支持系统，也是我们情绪的一个出口。我发现很多来到咨询室的来访者，在被问到与朋友的关系时，往往会非常沮丧地说，自己实际上没有一个真正的朋友。在难过的时候，找不到一个值得信任的朋友可以倾诉，遇到困难的时候没有人可以帮忙，遇到问题时，没有人可以商量，他们因此产生了深深的无助感。

　　第三个重要支柱就是工作或事业。工作是我们生存的基础，也是自我独立的象征，它给了我们广阔的舞台去发展更多的可能性，去创造更多的自我价值与社会价值。一个人的成功主要是在事业上的成功，这也是符合主流价值观的。

第四个支柱是兴趣，这是可以提高我们的生活品质以及幸福感的选项。一个人不能只是一台工作的机器，他还需要具备愉悦自己的能力，也就是玩耍的能力。而我的有些来访者恰恰缺乏这种能力。他们从小一路打拼，只关注学习与分数，成年后才发现竟然不知道如何打发 8 小时之外的自主时间，备感空虚与无聊。而在与人相处时，他们也会让人感到很无趣，也很难与他人产生共鸣，别人感兴趣的事自己却一点儿也不懂，这样就会越来越有隔离感。

如果我们有称职的父母，有朋友，有一份喜欢的工作，还有自己的兴趣爱好，那么我们的底层人格抗风险的能力就会非常强。即便失去工作，我们还有家人朋友的支持，即便我们抑郁了，也可以找朋友倾诉，可以用兴趣爱好去排解，比如写作、阅读、跑步、音乐等。但如果我们只拥有其中一项，那么就会处在一个很危险的境地。比如一位女性为了爱情抛弃了所有，而爱情又充满变数，那么一旦爱情消失，她就把自己逼到了绝境。所以，在成人世界里，发展这四个方面就成了行动的方向。

比如，你可以学习沟通技巧，有意识地去结交朋友；学习新的技艺，有意识地发展自己的兴趣爱好；学习新的知识，提高自己的专业能力；学习用语言表达爱，培养经营亲密关系的能力；等等。而这四个方面的能力其实也是相辅相成的，当你具备了与人建立良好关系的能力，你在职场的发展会更顺畅，当你有很多的兴趣爱好，成了有意思而且幽默的人，那么你就会吸引更多的朋友。不会玩，只小心翼翼地跟自己玩，这实际上是一种内耗。

行动是克服焦虑的良方

大多数人的焦虑并非来自行动，而来自想象。我们常常想得多而做得少，或者总是想准备好再行动，结果往往错过了最佳时机。无论怎样，只有行动了，才会有结果，也才会得到反馈。而外部的世界，有很多的不可控因素，只有边走边看边修正，才可能做出成果。

有一位两个孩子的妈妈，因为孩子不爱吃早餐而非常苦恼。她发现如果每天变着法子搞些新花样，孩子就很喜欢吃。于是，她在朋友圈里立了一个目标，准备践行一个 100 天早餐计划，每天为孩子做一款新早餐，最后完成 100 种。于是，她真的行动了，而且每天做完拍照，在朋友圈打卡。

你猜最终发生了什么？没想到早餐成就了她的一份事业。她发在朋友圈里的早餐吸引了越来越多的妈妈，很多人都想跟她学做早餐，从最初几十人到后来几百人，逐渐做成了社群。而这些妈妈群体有一些共同的问题，比如时间不够用，与家人的关系处不好，孩子的教育出了问题，等等。依托社群，她邀请了相关领域的专家来分享知识，她也会将自己信任的食材推荐给大家，并且与供应商谈团购价，结果随着她的影响力越来越大，食材的厂家还会主动找上门来，让她帮助推销。你看，只要行动了，并且坚持了下来，就会有意想不到的事情发生。

当你有想法时，先从一个小的范围开始，不断试错创新。最重要的是不要害怕出错，其实越早发现问题，在越小的范围内出现错误，损失也会越小。

情绪

觉察自己的情绪，熟悉自己的情绪按钮

外界环境的变化会扰动我们内心的情绪，外部信息的刺激会引发一系列情绪反应，我们的情绪又会引导我们如何看待这个世界，如何看待他人，如何看待自己。内外其实是一个对镜，也就是我们可以通过外在去看内在，也可以通过内在去观察外在。比如你心情愉悦时，看到外面的世界就是友善的；今天风轻云淡，体感舒适，你的心情也会好起来。

我们的情绪体验会基于我们对事件的看法，而我们对事物的看法，则取决于我们的早年经历，这些经历都可以被称为一副特殊的有色眼镜。

比如，在单位，你明明已经很优秀了，你的领导却永远不肯定你，甚至还拿别人来贬低你，让你感到愤愤不平。

我们来看一看这个愤怒，是不是完全来自这件事情本身。这个领导也许有他自己的问题，或许这是他管理下属的一种模式，他也会用同样的模式去教训别人。其他人也许并没有你这么强烈的情绪反应。那么，为什么面对同样的事件，你与他人的情绪体验差别这么大呢？

当我们把二者进行联系时就会发现，领导对你的贬低、指责，可

能激活了你早年不被爸爸认可、不被爸爸肯定的情绪体验。而那个没有被解决，没有被看见的情绪，就成了一个情绪按钮，在某些场景中被触发了。

当我们了解了自己的情绪按钮，就可以像扫雷一样，一个个地处理它们。这里说的是处理，而不是清除，因为实际上情绪需要的是被看见、被理解，这样我们今后就不大容易出现情绪失控的情况了。

了解情绪的本质，与负性情绪共处

情绪的本质是什么呢?

情绪是一种存在，没有好坏之分。假如一个人没有情绪，那么这个人似乎也就失去了生命的能量。

无论是正性情绪还是负性情绪，它都证明了我们是活着的，是存在着的，我们是有感觉的，或者我们是有感情的，我们是跟这个世界有关联的。

假如遇到不公平的事件，你不会产生愤怒；假如遭受了伤害，你感受不到痛苦；当你得到了自己想要的东西，却没有那种满足的感觉，那么这时你可能需要问问自己，活着的意义是什么。

情绪是通过神经系统发送的一些特殊的、能让我们的身体感知到的信号。

我们会发现小孩子的情绪容易失控，他们也更容易去表达自己的情绪：我的愿望没有满足，就哭闹发脾气，睡不好我会很烦躁，我不喜欢你，立即扭头就走等，这些表达都很直接。

孩子的情绪感知能力是非常强的。成年人在后来的社会化进程中，会屏蔽掉自己的情绪，也可以说我们有时是有意地去管理自己的情绪。如果你像一个婴儿一样，毫不遮掩地直接表达自己的爱恨情仇，你可能会伤痕累累。所以对情绪的控制，是我们的一种自我保护的方式。但在这个过程中，我们会让自己变得越来越麻木，在自己与外界之间筑起厚厚的墙，这会让我们逐渐丧失这样的感知能力。

此外，情绪的感知与身体是紧密相连的，所以我们经常会说要身心合一，要避免身心脱节。这些情绪信号，是人类的进化过程中保留下来的非常宝贵的资源。第六感虽然无法用科学去解释，但是会让我们的身体在第一时间感知到一些不安全的信号，这时，身体就会相应地做出一些保护自己的行动。

另外，情绪还是一种生命能量。愤怒、爱、幸福、骄傲这几种感受的能量都是非常强烈的，而抑郁的人则往往处在一个较低的能量状态。情绪具有感染力，强烈的情绪可以影响周围的人。一个非常有幸福感的人会让待在他身边的人也感觉到非常舒服，他的幸福感会传导给他人，而一个易怒的人，也会让周围的人感觉到有些焦躁不安。

合理有效地使用这些生命能量，可以帮助我们减少内耗，管理好自己的情绪。

训练情绪肌肉，增强心理弹性

接下来，我会给出 5 种认知弹性训练的方法来训练情绪肌肉，以达到增强心理弹性的目的。

认知弹性训练可以帮我们打开思路，让我们从僵化的、负面的思维中摆脱出来。

不知道你是否遇到过这样的情境：你觉得你的领导处处看你不顺眼，经常给你穿小鞋，在工作场所你觉得如履薄冰，做什么事情都很担心被领导挑剔。当受到批评时，你会觉得领导就是专门针对你的。这可能就是把自己放到了一个僵化的、负面的思维模式中。

你的这些看法或许并不客观，即便你和领导之间真的存在着这样的问题，我们也可以转换视角，去改变我们对这件事情的看法，从而改变我们的情绪。

这也是认知行为疗法中的一个比较重要的观点，事件本身不是问题，看待事情的方式才是问题。

认知弹性训练，就是帮助我们有意识地对一件事情进行多重阐释。你看待事物的方式越多，就会越可能少地被特定的消极思维所束缚。也就是说，当你有了很多应对策略，它们就会像哆啦A梦口袋里的神奇工具一样，让你不会局限于用一种僵化的模式去应对不同的情景。

通常我们的负面评价包括了一些消极的预测，比如我可能会被染上某种病毒——我染上了就可能会死掉；或者是对自己的能力的低估——我不太擅长做这件事情，我感到很无力，无法完成这份工作；或者是专注于消极的一面——我发现我的人生就是个笑话，我的这段婚姻太糟糕了；等等。还有一些消极的归因——我这个人太自卑了，太懦弱了，所以别人老是欺负我；还有生活当中的一些"应该"，比如我"应该"成为一个完美的妻子，我"应该"在这个年龄段结婚；等等。

针对这 5 种负面的评价，我们来分别给出相应的弹性训练方法。

第一，针对消极的预测，我们可以提出一些事实进行反驳。

我们可以对自己的预测进行一些统计分析，包括记录一些数据，验证自己的判断和预测。遭遇同样的事情，有些人非常悲观，甚至失去了活下去的勇气，而有些人仍然保持饱满的精神，这就是心理弹性的区别。

那么当我们面对消极情绪时，应如何进行反驳呢？心理学专家盖伊·温奇（Guy Winch）博士在《情绪急救——应对各种日常心理伤害的策略与方法》一书中，专门提到了几个对于被拒绝后的自我否定、自我挫败感进行反驳的方法：

（1）寻找替代性的解释。比如当你被自己所爱的人拒绝甚至抛弃，你会认为自己很糟糕，是个失败者，不讨人喜欢，不值得被爱，等等，此时你可以告诉自己，或许：

你不是对方喜欢的类型，比如他更喜欢主动一点的，而你有些内向；他喜欢简单粗犷一点的，而你很细腻，等等。或者他还没有从上一段恋情中走出来，并没有准备好接受你；他不够独立，什么事情都要征求父母的同意；在与你的关系中，他做不了主，等等。

（2）对方其实是"配不上"你的，错过是他的损失。你可以想想自己的好，他从你这得到了温暖的照顾、情感上的支持、耐心的陪伴。没有走到最后，并不是你的错。

（3）你们只不过没有在对的时间相遇。也许他与你在情感上并不同步，他着急结婚，而你想再深入了解一段时间；他想先立业再成家，而你想拥有一个家尽快安顿下来……

通过这种自我辩论，你会尝试对自己建立起一个客观的、正向的、积极的评判，而不总是被负面的、消极的评判所影响。你会重新建立起自信，恢复对自我价值的认同感。

第二，针对习惯性低估应对能力，寻找成功的例子。

假如你从未有过成功的经验，可能根本活不到今天。在心理咨询中，我们往往会发现来访者的原生家庭非常糟糕，在成长的过程中经历非常多的创伤。但我们同时也会发现，这个人自身仍然拥有资源以帮助自己应对困难，比如他总能找到一个倾诉的对象；他会画画，用绘画表达他的创伤；他会作曲，用忧郁的音乐去表达内心的忧伤；他会写作，把这些苦难写到文学作品中，这些都是利用天赋和优势资源的例子。

你要寻找自己的这些资源，并且把你的注意力转移到你为解决这个问题将要做的事情上。比如，你认为自己没有能力完成这项工作，你可以列一个清单和工作计划，列明具体你要做的工作内容，要跟哪些部门进行协商，从哪儿可以获得支持，另外在情绪上你会做一些什么应对，比如自我肯定、自我安抚、自我安慰，跟自己的负面情绪进行辩论，等等。

第三，针对消极态度，我们需要培养自己的整体意识。

我们有时会钻牛角尖，容易走进死胡同，这会让我们的认知变得狭窄。因为这时我们往往只看到了一个局部。我们需要设法跳出这个情绪去审视整体，这时，你也许会发现事情并没有你想象中的那么糟糕，实际上事物都有其两面性。

当你出现消极的想法时，你可以努力地想两件积极的事情，比如你小时候父母宠爱你的样子，你跟你的孩子在一起玩游戏的样子，吃完一顿大餐很满足的样子，或者跟你的爱人一起旅行度假的感觉，等等。你可以把这些美好的瞬间都存在你的手机里，一旦你出现负面情绪，就打开手机看一看。你也可以把这些积极的事情写在卡片上随身携带，当你出现负面情绪时，就拿出这些卡片寻找两个积极的点，以此来平衡自己的消极想法。

比如，我有一位来访者跟她妈妈的关系非常糟糕，过年这段时间她一直跟妈妈住在一起，她对妈妈的看法全部都是负面的，二人因此产生了很多的矛盾。人无完人，反过来说，一个人身上也不可能全是缺点，她的身上一定有一些闪光点。我给她布置了一个作业，让她每天写三条妈妈身上的优点，坚持一个星期，看看会发生什么。结果，她真的做到了，而且还会把完成的作业发给我。通过这样的练习，我们会发现，当你转换视角时，你就真的能看到别人身上很多的美好的地方。后来，她说有时候还是想跟妈妈发火，但是当她看看自己写下的妈妈的闪光点时，就没有那么愤怒了。

第四，针对消极归因的认知弹性，使你的消极归因不那么坚定。

这个方法可以帮助我们去寻找同一事件的多种解释，这样你就不太可能再执着于消极归因。

《沟通的艺术》中提到了一个知觉检核技术，可以帮助我们调整认知弹性。

举个例子，假如你看到你的领导跟你皱了一下眉。你的归因是，肯定是因为我今天早上没跟他打招呼，他对我有意见。

这个时候，你就做了一个消极归因。你可以停下来开动脑筋，去看一看，有没有一些替代的解释或者可能性。

- 比如，这个领导今天跟他太太吵架了，本来心情就不好；
- 领导可能根本没有看见你，他只是下意识地皱了一下眉；
- 领导本身就有皱眉头的习惯，只要他在思考他就会皱眉；
- 这位领导今天可能被大领导批评了，心里有些不爽；
- 他可能只是太累了，所以提不起劲儿来。

找出这些替代解释后，你还可以给它的可能性打个分，比如 1 代表的是轻微可能，2 代表的有可能，3 代表的很可能。当你把它标示出来时，最开始的这种消极归因就不再那么绝对了，你对某一个归因的信任也开始有所减轻。这样你的思维就更加富有弹性，你也就学会了从多个角度来看待同一件事情。

第五，针对"应该"的认知弹性，可以被改为"我选择""我喜欢"的句式。

"你应该"有时就像一个魔咒，让我们失去了灵活性，而且这个"应该"往往是非常绝对化的。

改变"应该"，你只需要这样做：

把"应该"表达为喜好，而不是绝对的教条。改一下句式，你就会发现，你的思维变得更有弹性了。

比如，把"你应该更加努力地工作"变为"我更喜欢你努力工作"。如果你是领导，用了这样的表达，你的员工将会更加容易接受你的观点。

"更喜欢"柔软化了"应该"的绝对性，把它转化成了你个人欲求的表达。一旦你的头脑中出现"应该"这个词时，就把它转换成"我更喜欢"这样的句式，并且最好把它变成一种习惯。

4.3　一个生命故事——保护自己不受伤

最近，我收到一条让我感慨的信息，它来自一位来访者。

"老师，我想和你分享我的近况。去年 12 月父母来深圳与我朝夕相处，家庭和睦得让我姐姐、姐夫都惊叹。过程中虽有些磕碰，但我重新找到家庭的稳固、踏实和温暖，我感到内心安定，也比以前更有力量。我觉得自己也越来越知道要舍弃不值得我花精力的人或事。这对我很重要。这些改变，应该都是因为过去一年你的陪伴，这让我的思维方式有了改变。感谢你！"

我很高兴咨询让她重新获得了对生活、关系的掌控感。而且咨询结束后，这种改变也没有消失，而是彻底改变了她的生活。

在她身上，我看到了大多数 30 岁女性的困局，我也看到了 30 岁女性可以做到的乘风破浪。

30 岁，迎来了人生的失控

1 年前，她因为失恋来到我的咨询室。

她是一个容貌清秀，小巧玲珑的女孩。但她却很焦虑，她一坐下来，整个房间好像都被焦虑笼罩了。

她的神情疲惫，说话时语速就像打机关枪，争分夺秒。

她是职场精英，年薪几十万元，在职场上雷厉风行，在感情上却自卑软弱。在男友面前，她一直找不到自信。

她觉得自己总是遇不到好男人，这次总算遇到了一位让自己动心、条件又不错的男性。她不想错过他，所以在他面前，她的姿态近乎卑微。

她曾经引以为傲的工作不再具有吸引力，她每天在想如何让男友开心，如何让他对自己更好一点。然而男友却对她若即若离，约会经常迟到，还时不时爽约。

这种抓不住的感觉让她觉得自己在这段关系中很被动和卑微。求而不得的负面情绪越积越深，她心中总是有股无名火无处发泄。好几次母亲打来电话时她恰好在气头上。她恶语相向，常把母亲教训一通，事后又后悔、内疚。

她的健康状况也在这时出现了问题，她开始爆痘、暴肥，并且经常腹泻。

这是她人生的最低谷。她处在一种失控的状态中，这种失控是太想掌控的反弹造成的崩坏。

失控真有那么可怕吗

咨询过程中，首先我做得最多的是对她进行共情性的倾听。

第一，倾听她的恐惧。

她今年 30 岁，她觉得这是女人最后的黄金时间，她迫切地想在今年把自己嫁出去。

她还没来得及多了解现在的男友，就让自己完全陷了进去，结果痛苦得无法自拔。

她恐惧错过了一段好姻缘，恐惧自己错过好的生育年龄，恐惧孤独终老，恐惧再也不会被爱……

有时，我也试探性地会做一些回应。

比如，现在女性结婚年龄在推迟，生育年龄也在推迟，一个人也可以拥有幸福的生活，她们在任何年龄都可以遇到所爱的人，等等。

这些信息大多被淹没在她的情绪旋涡里，但我努力保持着内在的稳定。

我的咨询过程为她留出了思考的空间，让她在失控的道路上可以有一个缓慢的刹车。

第二，倾听她的无力。

她在工作中雷厉风行，但是面对情感，她总是陷入崩溃。

她经常和我说的话就是"老师我又崩了，现在这已经开始影响到我的工作。我总是莫名其妙地对同事发火，领导和同事都对我有意见了。"

她无法像管理项目一样控制恋爱的进度，比如见家长、订婚、结婚……

　　她很努力地维持关系，努力学习沟通理解，学习关心对方，可是关系的发展仍然停滞不前。似乎只是她自己着急，对方总是以各种理由拖延。她不知道还应该怎么做？她无力去改变对方，也无力从情感的旋涡中挣脱。

　　当她情绪崩溃时，我一一接纳了她的情绪并告诉她，崩溃也是可以的。同时，我想让她知道这种强烈的情绪总会过去，她本有能力管理好情绪。

　　在一次咨询中，她告诉我，最近工作很忙，她感觉自己快撑不住了，然后她直接和下属说："我的情绪快控制不住了，大家最好都别惹我，让我自己待一会儿。"

　　这个举动，就是她面对情绪的关键进步。

　　一方面，她开始主动承认自己情绪的破坏性，并且给同事提前做了预警。同事理解了她的压力，反而会主动关心她，并主动承担工作。另一方面，她把自己的情绪与别人的情绪进行了区分：这个情绪是我的，与你们无关。给我一个空间，我能处理好自己的情绪。

　　这个进步让她感觉自己真的可以做情绪的主人，可以对情绪更有掌控感。

　　第三，倾听她的悲伤。

　　精神分析领域的咨询师会与其来访者探讨童年关系以及其对现在的影响。在与她的咨询的过程中，我们也追溯了她的过去。

　　男友一点点的温暖与关心就可以让她如此奋不顾身，这或许是因为她在成长过程中没有感受到被爱。她讲到，她小时候妈妈忙着做生意，总是忘记她没有吃饭；父母经常出去打麻将，把她一个人关在家里，她害怕地跑到街上，在漆黑的巷子里穿行……

她最不愿提及母亲，她觉得母亲不称职，总是惹麻烦，让家动荡不安。在现实生活中，她对母亲避而远之，尽量不和她打交道。

她说，别人的妈妈是在给予，而自己的妈妈总是在索取。

我感受到她内在有一个渴望被关心、被关注、被爱的小孩。

在我与她的关系中，我似乎在充当这样一个母亲，看见她的努力和进步，看见她身上熠熠发光的地方，看见她的失望与悲伤，在她的身边陪伴她、支持她。

有一次她情绪又失控了。她晚上开着车漫无目的地狂奔，清醒之后，她停下车，给我发消息说想找我聊聊。

如果坚守咨询的一贯规则，我当然可以拒绝。她没有提前预约，并且那时是晚上 10 点，并不是一个恰当的时候。

可是，她的确需要帮助，而且她正处于危险之中。所以我同意对她进行临时咨询。在 50 分钟的谈话中，她逐渐恢复了平静，开始思考下一步的行动。这次咨询让她知道，有一个人会始终和她站在一起，这让她感觉自己是安全的，不再是孤立无援的。

自此之后，她的改变越来越明显。她变得越来越有力量，内心的空间越来越宽阔，对自己也越来越有信心。

她告诉我，她感觉那个在关系中失去的自我，正在逐渐被自己找回来。

在咨询间隔期间，她不再主动找我，而是尝试去自己解决问题。

咨询时，她会和我分享她在生活中的进步。对待情绪，她更加自如，她在冲动时也不再做危险的事，能够很快平复。对待母亲，她会尝试理解她的不容易，她看到了母亲从她自己的成长环境中带来的创伤，也看到了自己在人格方面的局限性。

这个过程并不容易，她不断地观察自己的感受，调整与母亲的距离。和母亲距离太近时，她会觉得不耐烦，甚至会愤怒、委屈；距离太远，她又会觉得孤独。

最终，她逐渐发展出一种让自己感到舒适的距离，让自己变得有弹性，从而可以游刃有余地应对母亲却不会被母亲激怒。

对待感情，她不再用讨好去获得爱，她可以勇敢地说出自己的需要和感受。最终她明白了，男友并不爱她。她不愿意再把自己的时间和精力花在这样的一个人身上，她开始学会尊重自己的感受。

此时，她也有了离开的勇气。

失控是重塑自我的契机

当初，她来咨询的目标是留住男友，而我并没有教给她任何技巧去留住那个男人。但她的成长却让她拥有了掌控感，有内在的力量应对人生中的困难，做自己真正想做的决定。分手后，她不拒绝与异性相处，但也不会像过去那样急切地进入一段关系。她喜欢上了独处的时光，健身、会友、读书，努力工作赚钱……

她说，她真的太喜欢自己现在的状态了。

现在的她，进入了一个全新的人生阶段。失控是过去式，焦虑和紧绷也过去了，她找到了一个 30 多岁的女性的最好状态。

不急不缓，平和宁静。

渴望爱情，更爱自己。

憧憬婚姻，也懂静候。

生活不是十全十美的，但她总能看到美好，她充满了感激。她对我说："我觉得你分担了我的很多痛苦，你也应该分享我的一些快乐。"

我也感谢她让我成为她成长的见证者，她愿意信任我，愿意勇敢面对创伤，最终穿过了黑暗，有了从内在生发的勇气与力量。

她在失控中实现了自己的三十而立。

孔子说三十而立，原意不是三十岁大有成就，而是指人在三十岁前后会建立稳定的价值观和做事、做人的原则。失控在某种程度上是人生的必经阶段，其外在表现形式也多种多样，比如感情破裂、工作失败、求而不得、坠入低谷。

不管是什么形式，我们往往都会通过失控发现，原来奉行的人生准则不再适用，原来相信的东西崩塌了，世界不是我们想的那样。总的来说，那个我们熟知的自我，破碎了。

但破碎，也意味着重塑。

害怕、悲伤等各种情绪在所难免，但是如果能在这个阶段借助心理咨询的力量，不逃避、不退缩、去勇敢面对，你会发现这是一个巨大的转折点。

你能借此重新获得内在的力量，重塑一个更完整、更强大的自我，收获奇妙、丰盛的人生。

这是心理咨询的影响，也是人生的神奇之处。

在不同的年龄段，我们会经历不同的风雨坎坷，收获不同的人生智慧，遇见不一样的自己。

如果此时你正在经历风雨，暂时失去了方向，请不用担心，这不是尽头，你终会找到让自己不再受伤的方法，你终会抵达前方未知的辽阔和美好。

后记

我一直都有个出书的梦想，这5年间也接触了很多编辑，收到过许多出版社的邀请，不过在碰撞选题时，总是有些不满意之处。

在与人民邮电出版社的编辑梁清波女士的闲聊中，她提出了心理防御的选题，我们一拍即合。几天后我给她提供了大纲，然后上选题会，签订了出版合同，过程居然出奇顺利。收到出版合同的那一天，我发现，这个梦想近在咫尺。

虽然我在本书中专门写了有关拖延的内容，但其实我自己也有拖延的毛病，尤其是在兼顾写作、阅读、讲课、咨询等事情时，总有种时间不够用的感觉。而且我觉得写作是所有事情中最艰难的事情，所以能否按时交稿，我自己也没有多少信心。

这时，清波女士担起了催稿的重任。我们约定一周至少写1~2节，每当我无法按时交稿时，她就会使出各种撒手锏，软硬兼施，让我逃无可逃。她对此书非常上心，对每一个章节都会给出及时的反馈，提出她的期待，给出自己的理解，让我受益颇多。我和她说，这本书是我们共同的孩子，我需要让它顺顺利利问世。在完稿之时，我真心地对我的策划编辑清波女士表示感谢。

在书稿写到三分之二时，她为了激励我，将设计好的封面发给了我，封面的右下角是罩在玻璃罩里的花朵，清波告诉我，那是温室里的花朵。我突然发现，这与我最近看的《殊途》（*Therapeutic Approaches*）这本书中的案例有某种关联。书的作者沃米克·沃尔肯（**Vamik Volkan**）治疗过一个人，而这个人就像活在一个玻璃罩里。在这个案例中，沃尔肯描述了这位患者如何通过长期的精神分析治疗打破玻璃罩，活出了真实的自我，令人无比动容。

谨以此书献给那些勇于自我探索的人，希望每个人都能打破限制自己的玻璃罩，活出自己的精彩人生！

[1] 范伦特. 怎样适应生活——保持心理健康 [M]. 颜文伟，程文红，崔新佳，译. 上海：华东师范大学出版社，1996.

[2] 朱迪思·维奥斯特. 必要的丧失 [M]. 吴春玲，江滨，译. 南京：江苏人民出版社，2012.

[3] 杰瑞姆·布莱克曼. 心灵的面具：101 种心理防御 [M]. 郭道寰，等译. 上海：华东师范大学出版社，2011.

[4] 安娜·弗洛伊德. 自我与防御机制 [M]. 吴江，译. 上海：华东师范大学出版社，2018.

[5] 李银河. 李银河说爱情 [M]. 北京：北京十月文艺出版社，2019.

[6] 丹尼斯·韦特利. 成功心理学：发现工作与生活的意义 [M]. 顾肃，刘森林，译. 北京：北京联合出版公司·后浪出版公司，2016.

[7] 施琪嘉. 心理治疗理论与实践 [M]. 北京：中国医药科技出版社，2006.

[8] 弗洛伊德，车文博. 弗洛伊德文集 [M]. 长春：长春出版社，2010.

[9] 大卫 J 威廉 . 心理治疗中的依恋：从养育到治愈，从理论到实践 [M]. 巴彤，等译 . 北京：中国轻工业出版社，2014.

[10] 西格蒙德·弗洛伊德 . 刻意回避：日常生活的心理分析 [M]. 朱海龙，译 . 北京：中国法制出版社，2018.

[11] 埃里克 H 埃里克森 . 同一性：青少年与危机 [M]. 孙名之，译 . 北京：中央编译出版社，2015.

[12] 哈罗德·伊罗生 . 群氓之族：群体认同与政治变迁 [M]. 邓伯宸，译 . 桂林：广西师范大学出版社，2015.

[13] 古斯塔夫·勒庞 . 乌合之众：大众心理研究 [M]. 冯克利，译 . 桂林：广西师范大学出版社，2015.

[14] 孙隆基 . 中国文化的深层结构 [M]. 北京：中信出版社，2015.

[15] 奥尔加·托尔卡丘克 . 白天的房子，夜晚的房子 [M]. 易丽君，黄汉镕，译 . 成都：四川人民出版社，2017.

[16] 曹雪芹 . 红楼梦 [M]. 北京：人民文学出版社，2013.

[17] 罗纳德 B 阿德勒，拉塞尔 F 普罗科特 . 沟通的艺术：看入人里，看出人外 [M]. 黄素菲，李恩，译 . 北京：北京联合出版公司，2017.

[18] 阿尔伯特·埃利斯，等 . 控制愤怒：百年诞辰纪念版 [M]. 林旭文，译 . 北京：机械工业出版社，2014.

[19] 维吉尼亚·萨提亚 . 萨提亚家庭治疗模式 [M]. 聂晶，译 . 北京：世界图书出版公司，2018.

[20] 斯蒂芬·盖斯 . 微习惯：简单到不可能失败的自我管理法则 [M].

桂君，译．南昌：江西人民出版社，2016.

[21] 安娜·威廉姆森，瑞塔·纽厄尔．焦虑型人格自救手册 [M]. 北京：北京日报出版社，2019.

[22] 泰勒·本-沙哈尔．幸福的方法：哈佛大学最受欢迎的幸福课 [M]. 汪冰，刘骏杰，译．北京：中信出版社，2013.

[23] 小马克·B.博格，格兰特·H.布伦纳，丹尼尔·贝里．假性亲密：貌合神离的关系，何以得救？ [M]. 上海：华东师范大学出版社，2020.

[24] 哈里雅特·布莱克．取悦症：不懂拒绝的老好人 [M]. 姜文波，译．北京：机械工业出版社，2015.

[25] 林语堂．林语堂经典作品选：论读书论幽默 [M]. 北京：当代世界出版社，2007.

[26] 李新．幽默感：成为更受欢迎的人 [M]. 北京：中信出版社，2020.

[27] 徐静茹．看画识童心：儿童绘画心理分析 [M]. 北京：社会科学文献出版社，2018.

[28] 芭芭拉·加宁，苏珊·福克斯．涂鸦日记：比文字更有力的心理疗愈法 [M]. 刘腾达，译．北京：人民邮电出版社，2016.

[29] Spenser. 写作是最好的自我投资 [M]. 北京：中信出版社，2018.

[30] 马特·海格．活下去的理由 [M]. 赵燕飞，译．南昌：江西人民出版社，2017.

[31] 张进．渡过：抑郁症治愈笔记 [M]. 北京：中国工人出版社，2015.

[32] 亚当 J 杰克逊．手写人生：改变焦虑、抑郁和悲观的习惯 [M]. 王

胜男，译 . 北京：北京联合出版公司，2019.

[33] 周志健 . 故事的疗愈力量 [M]. 北京：华夏出版社，2012.

[34] 李子勋 . 自在成长：所有经历，都是完成自己 [M]. 北京：中国法制出版社，2019.

[35] 卡罗尔·德韦克 . 终身成长：重新定义成功的思维模式 [M]. 楚祎楠，译 . 南昌：江西人民出版社，2017.

[36] 谢丽尔·桑德伯格 . 另一种选择：直面逆境，培养复原力，重拾快乐 [M]. 田蓝，乐怡，译 . 北京：中信出版集团，2017.

[37] 奥利弗·詹姆斯 . 原生家庭生存指南：如何摆脱非正常家庭的影响 [M]. 康洁，译 . 南昌：江西人民出版社，2019.

[38] 马修·麦克凯，帕特里克·范宁，帕特丽夏·苏里塔·奥纳 . 当情绪遇见心智：应对日常情绪伤害的 10 种策略与方法 [M]. 北京：北京联合出版公司，2017.

[39] 阿琳·克莱默，查理兹 . 女性的力量：精神分析取向 [M]. 刘文婷，王晓彦，译 . 北京：世界图书出版有限公司，2017.